高等院校信息技术系列教材

C语言程序设计教程

桑海涛　姜微　刘远义　编著

清华大学出版社
北京

内 容 简 介

本书是编者通过总结多年的一线教学经验,精心为初学者编写的 C 语言程序设计入门教材,着重介绍 C 语言最基础的部分,尽量不涉及应用的细节问题,把精力集中在主要部分;注重程序设计方法的训练,以实用为目的,详细讲解常用的经典算法,以培养读者的程序设计能力。教材力求简洁易懂、深入浅出,注重内容的自然过渡和衔接,引导读者的思路,激发读者继续探求问题的兴趣,使读者能水到渠成地掌握知识。

本书以"学生成绩管理系统"作为课程设计案例,从 C 语言的基础知识和语法规则出发,用该案例的功能扩展带动整个课程的教学过程,以应用系统的程序设计所需要的知识为主线,把项目中所需要的知识或难点分散到各章节的实例中,既能体现循序渐进的教学方法,又能实践"项目综合"的教学模式。

本书可作为普通高等院校计算机专业和非计算机专业的教材,也可作为各级计算机等级考试的参考书。

图书在版编目(CIP)数据

C 语言程序设计教程/桑海涛,姜微,刘远义编著. —北京:清华大学出版社,2022.9(2023.8重印)
高等院校信息技术系列教材
ISBN 978-7-302-61289-6

Ⅰ.①C… Ⅱ.①桑… ②姜… ③刘… Ⅲ.①C 语言—程序设计—高等学校—教材 Ⅳ.①TP312.8

中国版本图书馆 CIP 数据核字(2022)第 120491 号

责任编辑:郭 赛
封面设计:常雪影
责任校对:郝美丽
责任印制:杨 艳

出版发行:清华大学出版社
   网 址:http://www.tup.com.cn,http://www.wqbook.com
   地 址:北京清华大学学研大厦 A 座   邮 编:100084
   社 总 机:010-83470000   邮 购:010-62786544
   投稿与读者服务:010-62776969,c-service@tup.tsinghua.edu.cn
   质量反馈:010-62772015,zhiliang@tup.tsinghua.edu.cn
   课件下载:http://www.tup.com.cn,010-83470236
印 装 者:三河市铭诚印务有限公司
经 销:全国新华书店
开 本:185mm×260mm   印 张:16   字 数:370 千字
版 次:2022 年 9 月第 1 版   印 次:2023 年 8 月第 2 次印刷
定 价:49.80 元

产品编号:098284-01

前言

foreword

党的二十大报告提出"实施科教兴国战略,强化现代化建设人才支撑"。深入实施人才强国战略,培养造就大批德才兼备的高素质人才,是国家和民族长远发展的大计。为贯彻落实党的二十大精神,筑牢政治思想之魂,编者在牢牢把握这个原则的基础上编写了本书。

C 语言以其丰富的功能、灵活的使用、高效的执行和可直接对硬件进行操作等特点,在国内外都得到了广泛的应用,同时,C 语言是一种理想的结构化程序设计语言,很多计算机程序设计人员都是从C 语言开始学习程序设计的。

本书是编者通过总结多年的一线教学经验,精心为初学者编写的 C 语言程序设计入门教材,以立德树人为根本任务,着重介绍 C 语言最基本的部分,而尽量不涉及应用的细节问题,把精力集中在主要部分;注重程序设计方法的训练,以实用为目的,详细讲解常用的经典算法,希望培养读者的程序设计能力。教材编写中融入思政元素、力求简洁易懂、深入浅出,注重内容的自然过渡和衔接,引导读者的思路,激发读者继续探求问题的兴趣,使读者能水到渠成地掌握知识。

以培养学生的综合能力为目标,改革传统基础课教材的编写方法,在掌握必需的知识理论的基础上,重视综合应用能力培养,加强实践操作和技能训练。所以,选择以案例驱动的方式,把基本知识和常用算法作为应用实例来组织教材的案例,以开发项目为目标,综合练习为手段,把知识融入课程体系。

为此,本书选定"学生成绩管理系统"作为课程设计案例,从 C 语言的基础知识和语法规则出发,用该案例的功能扩展带动整个课程的教学过程,以应用系统的程序设计所需要的知识为主线,把项目中所需要的知识或难点分散到各章节的实例中去。这样既能体现循序渐进的教学方法,又能实践"项目综合"的教学模式。

为了实现上述目标,本书将"学生成绩管理系统"的开发分为多个版本,在相关知识点之后,作为该部分内容的综合应用,采用功能扩充和程序优化逐步升级版本。另外,对部分案例注重程序设计方法的融入,使算法贯穿于案例,从而训练学生的程序设计能力。

作为 C 语言的基础教材,本书注重基础知识和基本方法的讲解,没有将 C 语言涉及的所有细节的知识全部包括进来,如果读者需要更全面地了解 C 语言的细节知识可以查阅相关的手册。本书共 10 章,内容包括 C 语言的基本概念、C 语言中各种数据类型的使用方法、C 语言各种用于流程控制的语句、C 语言模块化程序设计的方法、文件的基本操作等内容,并提供了附录,使读者可以方便地查阅相关的内容。

本书由桑海涛、姜微和刘远义编写,王树文担任主审。书中第 1~3 章由桑海涛编写,第 4 章和第 5 章由姜微编写,第 6 章由刘远义编写,第 7 章和第 8 章由桑海涛编写,第 9 章由姜微和刘远义编写,第 10 章和附录部分由刘远义编写。全书由桑海涛统稿。本教材的授课时间为 70 学时,建议理论 40 学时,实验 30 学时。可以根据授课对象和教学需要选讲部分内容,不讲的内容可由学生自学完成。

本书在编写过程中受到岭南师范学院电子与电气工程学院和计算机与智能教育学院的领导和老师的指导、关心和帮助,在此致以诚挚的谢意。

由于编者水平有限,书中难免有不当或错误之处,恳请各位读者批评指正。

编　者

2023 年 8 月

目录

contents

第1章

C 语言概述

本章重点
- C 程序的基本构成。
- C 程序的上机步骤。

1.1 C 语言简介

C 语言是国内外广泛使用的一种计算机高级语言,它既可以作为系统软件的描述语言,也可以用来开发应用软件。

1.1.1 C 语言的产生和发展

1. C 语言的产生

C 语言的出现是与 UNIX 操作系统紧密联系在一起的。20 世纪 60 年代,贝尔实验室的 Ken Thompson 着手开发 UNIX 操作系统,为了描述 UNIX,Thompson 将当时的一种专门描述系统程序的语言(BCPL 语言)改进为 B 语言,但 B 语言过于简单,数据没有类型,功能也有限。1972 年,贝尔实验室的 Dennis Ritchie 在 B 语言的基础上设计出了 C 语言(取 BCPL 的第二个字母),并用 C 语言编写了第一个在 PDP-11 计算机上实现的 UNIX 操作系统。Ritchie 于 1974 年发表了不依赖于具体机器系统的 C 语言编译文本"可移植的 C 语言编译器"。C 语言因 UNIX 而诞生,UNIX 操作系统也因 C 语言而得以快速推广,二者相辅相成,共同发展。

1978 年,Brain W.Kernighan 和 Dennis M.Ritchie 合著了著名的 *The C Programming Language*,从而使 C 语言成为广泛流行的高级程序设计语言。此后,又有多种语言在 C 语言的基础上产生,如 C++、Visual C++、Java 和 C♯ 等。

随着时代和社会发展的需要,计算机编程语言也相继发生了很大的改变,旧编程语言不断完善,增加了新的特性;同时,也有很多优秀的新编程语言出现。每种语言都有其漫长的发展改进历程,而站在巨人肩膀上的我们,应该记住那些弥足珍贵的历史瞬间,正是这些进步和发展不断推动着时代的发展、社会的变迁。

2. C 语言的标准

1983 年,美国国家标准协会(ANSI)开始对 C 语言进行标准化,并且在当年公布了第一个 C 语言标准草案(83 ANSI C);后来于 1987 年又颁布了另一个 C 语言标准草案(87 ANSI C)。1989 年,ANSI 发布了完整的 C 语言标准——ANSIX3.159—1989,通常称为 ANSI C,简称 C89。1990 年,国际标准化组织(ISO)采纳了 C89,以国际标准 ISO/IEC 9899:1990 发布,称其为 C90。1999 年,ISO 对 C 标准做了全面修订,形成了正式的 C 语言标准 ISO/IEC 9899:1999,简称 C99。

目前,各主流厂家提供的 C 编译器都未实现 C99 建议的全部功能,因此本书采用 ANSI C 标准,同时书中程序的书写形式兼顾了 C99 标准。

1.1.2　C 程序的构成

下面通过几个简单的 C 程序初步了解 C 程序的基本构成。

【例 1.1】　在屏幕上输出一行信息。

程序如下:

```
#include "stdio.h"
int main()
{
    printf("hello,world!\n");
    return 0;
}
```

运行结果:

```
hello,world!
```

【说明】

(1) 程序中的

```
int main()
{
    …
    return 0;
}
```

是一个函数,这个函数的名字为 main,一般称为主函数,这个名字是专用的,每个 C 程序必须有且仅有一个主函数。主函数是执行这个程序时由操作系统直接调用的函数。

(2) int main()是函数的首部,int 表示函数的返回值为整型类型,即函数返回一个整型值。函数名后面的圆括号用于表示参数,参数部分写成空或 void 表示没有参数,C99 标准建议在函数没有参数时写 void,例如,例 1.1 的函数首部可以写成

```
int main(void)
```

（3）函数首部下面被一对花括号"{}"括起来的部分叫作函数体。函数体主要由语句构成，C 语言规定语句必须以分号结束。在本例中，函数体内只有一条语句，这条语句的作用是原样输出双撇号内的字符串，其中，printf 是 C 编译系统提供的标准函数库中的输出函数，其具体的用法将在后面详细介绍。

（4）程序第一行的♯include "stdio.h"（也可写为♯include＜stdio.h＞）是编译预处理命令，它们都以"♯"开头，并且后面没有分号，所以不是 C 语言的程序语句，这里的编译预处理命令称为文件包含命令，其作用是将 printf 函数所在的头文件 stdio.h 包含进来。

【例 1.2】　求两数之和。

程序如下：

```
#include "stdio.h"
int main()                              /*求两数的和 */
{   int x,y,sum;                        /*定义 x,y,sum 为整型变量 */
    x=1;y=2;
    sum=x+y;
    printf("sum is %d\n",sum);
    return 0;
}
```

运行结果：

```
sum is 3
```

【说明】

（1）/*……*/部分表示注释，可以根据需要加在程序中的任何位置，注释是给阅读程序的人看的，计算机并不执行。

（2）第 3 行为变量定义语句，由 int 定义了 x,y,sum 为整型变量。

（3）第 4 行和第 5 行为 3 个赋值语句，把 1 赋给 x，把 2 赋给 y，把 x＋y 的值赋给 sum；这里的"＝"称为赋值运算符，和数学中的等号意义不同。

（4）第 6 行的 printf 函数用来输出变量 sum 中的值。本例中的 printf 函数除了原样输出双撇号内的普通字符"sum is"外，还要将双撇号内的％d 的位置换成 sum 的具体数值输出（详见第 2 章）。因此，程序运行结果为"sum is 3"。

【例 1.3】　利用函数求两数之和。

程序如下：

```
#include "stdio.h"
int main()                              /*主函数的首部 */
{   int a,b,c;
    a=12; b=13;
    c=s(a,b);
    printf("s=%d\n",c);
    return 0;
```

```
}
int s(int x, int y)                          /* 被调函数的首部 */
{   int sum;
    sum=x+y;
    return(sum);
}
```

运行结果：

s=25

【**说明**】　本程序的作用是通过调用 s 函数求两数之和。本程序由一个主函数和一个 s 函数构成。当运行此程序时，首先从 main 函数开始执行，当执行到第 5 行时，遇到函数名 s，马上调用 s 函数并执行；执行 s 函数后返回 main 函数，带回两数的和并赋给变量 c，然后继续执行主函数，输出 c 的值。

从前面几个例子可以看出以下几点。

（1）函数是 C 程序的基本单位。一个完整的 C 程序由一个 main 函数和若干其他函数构成，或仅由一个 main 函数构成。如例 1.1 和例 1.2 的程序只包含一个 main 函数，而例 1.3 的程序则包含一个 main 函数和一个 s 函数。

（2）一个函数由两部分构成：函数首部和函数体。一个函数的第 1 行即为函数首部，由函数类型、函数名和函数参数表（可空）三部分组成；函数体是函数首部下面用一对花括号"{ }"括起来的部分，包括声明部分和执行部分（详见第 6 章）。

（3）在一个 C 程序中，无论主函数书写在什么位置，程序总是从主函数开始执行，并且当主函数执行完毕时，亦即程序执行完毕。

（4）C 程序的书写格式自由，一行内可以写多条语句，一条语句也可以连续写在多行上。

（5）每条语句必须以分号结束，分号是 C 语句的必要组成部分。

（6）C 语言本身无输入/输出语句，其功能由函数实现，例如 printf 为输出函数，scanf 为输入函数（具体使用详见第 2 章）。

1.1.3　C 语言的主要特点

C 语言诞生不久后便风靡全球，成为深受人们欢迎的高级语言之一，这和它的主要特点是分不开的。C 语言的主要特点如下。

（1）简洁紧凑、灵活方便。C 语言一共只有 32 个关键字、9 种控制语句，程序书写自由，主要用小写字母表示。

（2）运算符和数据类型丰富。运算符共有 34 种，C 语言把括号、赋值、强制类型转换等都作为运算符处理，从而使 C 语言的运算类型极其丰富，表达式类型更加多样化。C 语言的数据类型包括整型、浮点型、字符型、数组类型、指针类型、结构体类型和共用体类型等。

（3）是结构式语言。C 语言以函数形式提供给用户，这些函数可被方便地调用，并具有多种循环、条件语句控制程序流向,从而使程序完全结构化。

(4) 语法限制不太严格,程序设计自由度大。虽然 C 语言也是强类型语言,但它的语法比较灵活,允许程序编写者有较大的自由度。

(5) 允许直接访问物理地址,即可直接对硬件进行操作,它兼具高级语言和低级语言的特点,所以,C 语言可以用来编写系统软件。

此外,C 语言还具有生成代码质量高,程序执行效率高,程序通用性、可移植性好等特点,是一种深受欢迎、应用广泛的程序设计语言。

1.2　C 程序的上机步骤

用 C 语言编写的程序必须经过编译和连接后才能形成可执行的程序,如图 1.1 所示。C 语言的开发平台和工具众多,开发环境大多是集编辑、编译、连接和运行为一体的集成开发环境(IDE),较早期的有 Turbo C 2.0、Turbo C++ 3.0、Visual C++ 6.0 等,目前较主流的是 Visual Studio 系列、Dev-C++ 和 Code∷Blocks 等。本书选择 Dev-C++ 作为 C 程序的集成开发环境。

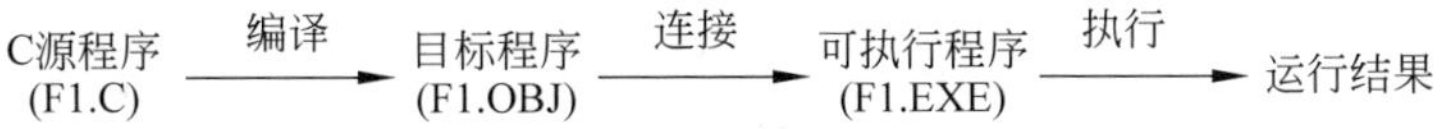

```
C源程序    编译    目标程序    连接    可执行程序    执行
(F1.C)   ------>  (F1.OBJ)  ------>  (F1.EXE)  ------>  运行结果
```

图 1.1　C 程序的执行过程

Dev-C++(或称 Dev-Cpp)是 Windows 环境下的一个轻量级 C/C++ 集成开发环境(IDE)。Dev-C++ 使用 MingW64/TDM-GCC 编译器,遵循 C89 标准,同时兼容 C99 标准。开发环境包括多页面窗口、工程编辑器以及调试器等,工程编辑器中集合了编辑器、编译器、连接程序和执行程序,提供高亮度语法显示,以减少编辑错误,还有完善的调试功能,适合在教学中供 C/C++ 语言初学者使用,也适于非商业级普通开发者使用。多国语言版中包含简繁体中文界面和技巧提示,还有英语、俄语、法语、德语、意大利语等 20 多个国家和地区的语言可供选择。

hello world 是经典例子,是大多数高级语言的第一个例子程序。下面就以 hello world 为例详细介绍利用 Dev-C++ 集成环境创建并运行 C 程序的方法与步骤。

程序功能:在屏幕上输出 hello world。

1. 启动 Dev-C++ 集成开发环境

进入 Dev-C++ 集成开发环境,有“文件”“编辑”等一系列菜单选项和按钮,因没有建立或打开 C 程序,大部分按钮和菜单选项都是灰色不可选的状态。

2. 建立新的项目

菜单中“文件”“运行”“工具”是最常用的选项。选择“文件”菜单中的“新建”选项,依次选择“新建>源代码”选项,或者使用快捷键 Ctrl+N 新建一个项目,编写以下 hello world 代码。

```
#include <stdio.h>                          //这是编译预处理指令
int main()                                  //定义主函数
{                                           //函数开始的标志
    printf ("hello world! \n");             //输出指定的一行信息
    return 0;                               //函数执行完毕时返回函数值 0
}
```

编写代码后的 Dev-C++ 环境如图 1.2 所示。选择"文件"菜单中的"保存"选项会弹出保存文件对话框,选择保存位置并重命名之后即可保存。

图 1.2　编写代码后的 Dev-C++ 环境

3. 编译

选择菜单中的"编译"选项,或者使用快捷键 F9 对程序进行编译,如图 1.3 所示。

图 1.3　编译程序

4. 执行

选择"运行"选项,或者使用快捷键 F10 运行程序,即可在屏幕上显示结果,如图 1.4 所示。

图 1.4　运行结果

此结果是在 Dev-C++ 环境下的显示,其中,第 2 行是程序执行时间(0.2803 seconds)和返回值(return value 0),第 3 行是告诉用户,如果想继续,则按下任意键。

5. 说明

Dev-C++ 支持新的 C99 标准,但编译器默认执行 C89 标准,需要手工设置以支持 C99 标准,操作如下:

(1) 在 Dev-C++ 菜单的"工具>编译器选项>编译器"选项卡中,选中"编译时加入以下命令"复选框,然后在下方的文本框中输入"-std=99",单击"确定"按钮即可,如图 1.5(a)所示。

(2) 在"工具>编译器选项>代码生成/优化"选项卡中,设置"C 编译器>支持所有 ANSI C 标准"为 No,再单击"确定"按钮,如图 1.5(b)所示。

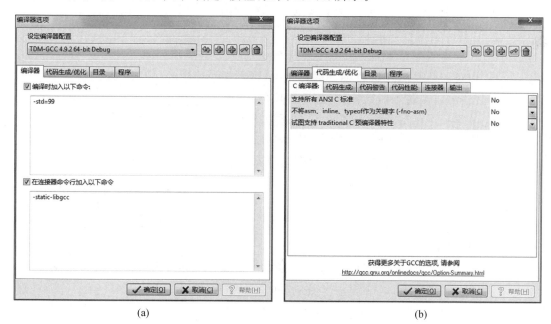

(a)　　　　　　　　　　　　　　　(b)

图 1.5　Dev-C++ 支持新的 C99 标准的设置

另要说明,C99 标准和 C89 标准的大多数特性基本相同,较 C89 标准主要增加了基本数据类型、关键字和一些系统函数等,C99 标准和 C89 标准差别很小,在初学阶段,C89 标准和 C99 标准的区别是不易察觉的,在用到新特性时,读者可自行查询相关资料。

1.3　小　　　结

本章重点讲解了 C 程序的基本组成和上机步骤。一个完整的 C 程序是由函数构成的,包括一个主函数和若干其他函数,或仅由一个主函数构成;而一个函数由函数首部和函数体两部分构成,函数体主要由语句构成,分号是语句的必要组成部分。C 程序中,无论主函数书写在什么位置,程序总是从主函数开始执行,并在主函数结束。C 程序的上机过程包括编辑源程序、编译运行、改错、调试、查看结果等。

习　题　1

一、简答题

1. 如何上机编辑并运行一个 C 程序？都有哪些步骤？
2. 一个 C 程序是由哪些部分组成的？

二、选择题

1. 以下叙述中正确的是_____。

　　A. 在 C 程序中，主函数必须位于程序的最前面

　　B. C 程序的每行只能写一个语句

　　C. 一个 C 程序至少且仅包含一个主函数

　　D. 在对一个 C 程序进行编译的过程中，可发现注释中的拼写错误

2. C 程序可以由若干函数构成，那么程序的执行是_____。

　　A. 从第一个函数开始，到最后一个函数结束

　　B. 从第一个语句开始，到最后一个语句结束

　　C. 从主函数开始，到最后一个函数结束

　　D. 从主函数开始，在主函数结束

三、编程题

编程输出以下信息：

```
*******************************
         How are you!
*******************************
```

第 2 章

C 语言的数据类型

本章重点

- 基本类型的常量和字符串常量。
- 基本类型的变量。
- 数据的输入/输出。

2.1　数据类型概述

数据是程序处理的基本对象,每个数据在计算机中都是以特定的形式存储的。C 语言提供了丰富的数据类型,各种数据类型具有不同的取值范围及操作,图 2.1 给出了 C 语言数据类型的基本框架,更详细的内容请查阅有关标准。

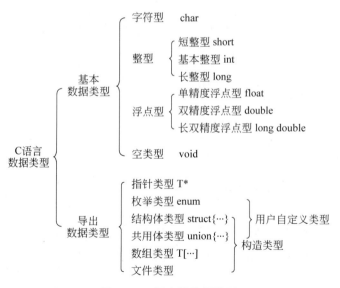

图 2.1　C 语言的数据类型

导出数据类型是指在基本类型基础上产生的类型;构造类型是指由一个或多个基本数据类型按照一定规律构造而成的类型;用户自定义类型是指允许用户根据需要自行定

制的类型,有些教材也将函数作为一种导出数据类型进行处理,本章只介绍基本数据类型。

在程序中,所有数据都必须指定其数据类型,并且根据程序运行中其值是否可以改变又分为常量和变量。

2.2　常　　量

在程序运行过程中,其值不能被改变的量称为常量。根据类型的不同,常量可分为直接常量和符号常量,直接常量又分为整型常量、浮点型常量、字符常量和字符串常量等。

2.2.1　整型常量

整型常量就是整数,在 C 语言中有以下三种表示形式。

- 十进制整数:例如 78、−324。
- 八进制整数:以数字 0 开头,后面跟若干八进制数,例如 0123 表示八进制数 123,相当于十进制数 83。
- 十六进制整数:以 0x 或 0X 开头,后面跟若干十六进制数,例如 0x12F 表示十六进制数 12F,相当于十进制数 303。

2.2.2　浮点型常量

浮点型常量又称实型常量,即实数。通常有以下两种表示形式。

- 十进制小数形式:由数字和小数点组成(必须有小数点),例如 0.12、12.、.12。
- 指数形式:实数(或整数)e(或 E)整数,例如 123e3 表示 123×10^3,1.2e−5 表示 1.2×10^{-5}。

注意:字母 e(或 E)之前必须有数字,e 后面的指数必须是整数。例如:e3、2.1e3.5、e 都不是合法的指数形式。

2.2.3　字符常量

字符常量是用单撇号括起来的一个字符,例如'a'、'A'、'?'和'2'都是字符常量。另外,还有一些特殊形式的字符常量,即转义字符,也就是以"\"开头的字符序列。例如:\n 表示换行符,\\表示反斜杠字符"\";常用的以"\"开头的转义字符见表 2.1。

表 2.1　常用的转义字符及其含义

转 义 字 符	含　　义	ASCII 码值
\n	换行,将光标移到下一行开头	10
\t	横向跳到下一制表位	9
\f	换页	12

续表

转 义 字 符	含　　义	ASCII 码值
\b	退格	8
\r	回车,将光标移到本行开头	13
\\	反斜杠字符"\"	92
\'	单撇号字符	39
\"	双撇号字符	34
\ddd	1～3 位八进制数代表的字符	
\xhh	1～2 位十六进制数代表的字符	

　　转义字符的意思就是将反斜杠"\"后面的字符转换成另外的意义。例如"\n"中的"n"不代表字符 n,而是代表换行符,'\101'表示 ASCII 码值为八进制 101(十进制数 65)的字符'A',同样,'\x41'表示 ASCII 码值为十六进制数 41(十进制数 65)的字符'A'。

2.2.4　字符串常量

　　字符串常量是用一对双撇号括起来的若干字符序列,例如"HIA"、"a1"、"♯"。字符串中有效字符的个数称为字符串长度,长度为 0 的字符串(一个字符都没有的字符串)称为空串,表示为""。例如,"How are you!"是字符串常量,其长度为 12(空格也是一个字符)。在内存中存储字符串常量时,系统会自动为其添加一个字符串结束标志'\0'。

　　如果"反斜杠"和"双撇号"作为字符串中的有效字符,则必须使用转义字符。例如,d:\xht\tc 写成字符串常量应为"d:\\xht\\tc"。

　　知道了字符串的表示方法后,思考一下'a'和"a"有什么区别?

2.2.5　符号常量

　　符号常量是指在程序中指定的用符号代表的常量,从字面上不能直接看出其值和类型,当程序中多处使用一个变量或常量时,可以将其定义为符号常量,以便于修改,减少出错的可能性,同时提高程序的可读性。定义符号常量需要使用编译预处理命令,一般形式为

#define 符号常量名 常量

【例 2.1】　求圆的面积和周长。

程序如下:

```
#include "stdio.h"
#define PI 3.1415926
#define R 3
main()
{   printf("area=%f\n",PI*R*R);
```

```
        printf("circum=%f\n",2*PI*R);
}
```

运行结果：

```
area=28.274333
circum=18.849556
```

【说明】 ♯define 是预编译命令,称为宏定义,在编译程序之前,系统先处理预编译命令,在上述程序中,编译时将所有出现 PI 的地方用 3.1415926 代替,将 R 用 3 代替。当半径 R 发生变化时,只要修改宏定义即可,不必到函数中修改,这样不容易出错。

2.3 变　　量

在程序运行过程中,其值可以改变的量称为变量。变量具有数据类型、变量名和变量值等多个属性。程序编译期间会在内存中给每个声明的变量分配相应的存储单元,用来存放变量的值,而分配的存储单元的地址直接和变量名建立联系。C 语言中,变量必须先定义、后使用,定义变量时必须指明变量的类型,这是因为不同的类型所占的存储单元的长度是不一样的,不同类型的数据被允许参与的运算也是不一样的。

2.3.1 标识符

C 语言中,给变量命名时必须遵守一定的规则,即标识符的命名规则。标识符是用来标识变量、符号常量、函数、数组、类型等数据对象的有效字符序列。命名标识符的规则是：必须以英文字母或下画线开头,其后可以跟字母、数字和下画线。例如,sun、day、_total、a_1 都是合法的标识符,而 m.d.a、2as、♯1a 都是不合法的标识符。

不同系统规定的标识符的有效位数不同,标识符的长度一般不超过 32 个字符。在定义标识符时,应注意字母的大小写。在 C 语言中,大写字母和小写字母被认为是两个不同的字符,如 sum 和 SUM 是两个不同的标识符。标识符分为关键字、预定义标识符和用户标识符三类。C 语言中有 32 个关键字(详见附录 B),关键字具有特定的含义,不能作为用户标识符使用,例如关键字 int、float 等不能用作用户标识符。预定义标识符(包括预处理命令和库函数名)(如 printf)在 C 语言中被系统定义,C 语言允许把这类标识符另作他用,但为了避免误解,建议不要把这些预定义标识符作为用户标识符使用。

C 语言中,标识符的命名有其规则,如同生活中做事,凡事都应遵守规矩。在学校要遵守学校的各项规章制度和行为规范,在教室和实验室要遵守管理规范等,行走时要遵守交通规则,工作后要遵守单位的规章制度。任何时候都要遵纪守法。

2.3.2 整型变量

1. 整型变量的分类

整型变量用来存放整数。按数据类型的不同,整型数据可分为以下三种类型。

（1）基本整型，以 int 表示。

（2）短整型，以 short int 或 short 表示。

（3）长整型，以 long int 或 long 表示。

另外，根据数据是否带有正负号，可将整型变量分为无符号整型变量和有符号整型变量。定义无符号整型变量时要在类型符前面加上关键字 unsigned，此类型的变量只能存放无符号数。以上三种类型为有符号整型变量的分法，无符号整型变量具体分为无符号整型（unsigned）、无符号短整型（unsigned short）和无符号长整型（unsigned long）。

对于不同类型的整型变量，计算机为其分配的存储单元的长度（字节数）不同。C 标准没有规定整型变量在计算机内存中所占的字节数，不同的编译系统的规定稍有不同。表 2.2 列出了 Dev-C++ 中各类整型变量在内存中所占的字节数及数的范围。

表 2.2　Dev-C++ 中各类整型变量在内存中所占的字节数及数的范围

类型标识符	数 的 范 围		字　节　数
int	$-2147483648\sim2147483647$	即 $-2^{31}\sim(2^{31}-1)$	4
unsigned	$0\sim4294967295$	即 $0\sim(2^{32}-1)$	4
short	$-32768\sim32767$	即 $-2^{15}\sim(2^{15}-1)$	2
unsigned short	$0\sim65535$	即 $0\sim(2^{16}-1)$	2
long	$-2147483648\sim2147483647$	即 $-2^{31}\sim(2^{31}-1)$	4
unsigned long	$0\sim4294967295$	即 $0\sim(2^{32}-1)$	4

2. 整型变量的定义

C 语言规定使用变量之前必须先定义，变量定义的一般形式为

类型标识符　变量名 1, 变量名 2, …;

例如：

```
int a, b ;                    /* 定义 a 和 b 为整型变量 */
long m ;                      /* 定义 m 为长整型变量 */
unsigned a1,b1,c1;            /* 定义 a1、b1 和 c1 为无符号整型变量 */
```

变量的定义属于声明语句，一般放在可执行语句之前，常见于函数体的开头部分。

【例 2.2】 整型变量的定义。

程序如下：

```
#include "stdio.h"
int main()
{   int a,b;                  /* 定义 a 和 b 为基本整型变量 */
    unsigned u;               /* 定义 u 为无符号基本整型变量 */
    b=-2;u=10;
    a=b+u;
```

```
    printf("b+u=%d\n",a);
    return 0;
}
```

运行结果：

b+u=8

【说明】

可以在定义变量的同时给变量赋值，称为变量的初始化。例如，

int a=1,b=2;

相当于"int a,b; a=1;b=2;"三条语句。

2.3.3　浮点型变量

1. 浮点型变量的分类

浮点型变量又称实型变量，用来存放实数。浮点型数据可分为以下三种类型。
(1) 单精度浮点型，以 float 表示。
(2) 双精度浮点型，以 double 表示。
(3) 长双精度浮点型，以 long double 表示。

对于不同类型的浮点型变量，计算机为其在内存中分配的存储单元的长度不同，以 Dev-C++ 为例，表 2.3 列出了不同浮点型变量的相关数据。

表 2.3　不同浮点型变量的相关数据

类型标识符	字　节　数	有　效　位	数　的　范　围
float	4	6～7	$\pm(3.4\times10^{-38}\sim3.4\times10^{38})$
double	8	15～16	$\pm(1.7\times10^{-308}\sim1.7\times10^{308})$
long double	16	18～19	$\pm(1.2\times10^{-4932}\sim1.2\times10^{4932})$

值得注意的是，C 语言中的浮点型常量不区分 float 型和 double 型，C 语言编译系统都按照 double 型进行处理。

2. 浮点型变量的定义

浮点型变量的定义方法与整型相似。例如：

```
float a, b;              /* 定义 a 和 b 为单精度浮点型变量 */
double c;                /* 定义 c 为双精度浮点型变量 */
```

2.3.4　字符型变量

字符型变量用来存放字符常量。定义字符型变量的类型标识符为 char。例如：

```
char c1, c2;                            /* 定义 c1 和 c2 为字符型变量 */
```

一个字符型变量在内存中占 1 字节,一个字符常量在内存中存放时,实际上存放的是这个字符的 ASCII 码值(各字符的 ASCII 码值见附录 A),而且是以二进制形式存储的,与整数的存储形式相同。因此,字符型数据可以当作整型数据处理。这样,当给一个字符型变量赋值时,可以把一个字符常量赋给它,也可以把这个字符常量的 ASCII 码值赋给它。

【例 2.3】　给字符型变量赋予一个字符常量。

程序如下:

```
#include "stdio.h"
int main()
{    char c1;                           /* 定义 c1 为字符型变量 */
     c1='a';                            /* 把字符常量'a'赋予字符型变量 c1 */
     printf("%d,%c\n",c1,c1);           /* 输出 c1 中存储的字符的 ASCII 码值和这个字符 */
     c1=97;                             /* 把整数 97 存储到变量 c1 中 */
     printf("%d,%c \n",c1,c1);
     return 0;
}
```

运行结果:

```
97,a
97,a
```

【说明】

标准 ASCII 码字符共有 128 个,其编码为 0~127(扩展的 ASCII 码字符共有 256 个,其编码为 0~255),字符型数据在内存中存储的是其对应的 ASCII 码值,所以在 0~127 范围内字符型数据和整型数据的存储形式是一样的。

根据运行结果也可以看出,无论是把字符常量赋予 c1 还是把对应的整型常量赋予 c1,内存中存储的数据都是一样的。所以,在一定范围内整型数据和字符型数据是通用的。

2.3.5　字符串的存储方式

整型常量、浮点型常量和字符型常量在内存中存储时分别存储到整型变量、浮点型变量和字符型变量中,那么字符串常量如何存放呢?

C 语言中没有相应的字符串变量,需要用一个字符数组存放一个字符串。字符串常量在内存中存储时,每个字符都占用 1 字节,均以其 ASCII 码值存放,并且在字符串的最后添加一个字符串结束标志'\0','\0'表示 ASCII 码值为 0 的字符。例如字符串常量"HOW"存放在内存中的情况如下(占 4 字节,而不是 3 字节)。

H	O	W	\0

前面提出了一个思考,即字符常量'a'和字符串常量"a"的区别是什么。现在就可以从它们的意义和存储方式上加以回答:

(1) 'a'是用单撇号括起来的字符常量,"a"是用双撇号括起来的字符串常量;

(2) 字符'a'在内存中占 1 字节,而字符串"a"在内存中占 2 字节。

2.4 数据的输入/输出

2.4.1 引例

在用 C 语言编程解决问题时,很多情况下都要用到数据。数据的来源有两种,一种是直接把常量数据赋予相应的变量;另一种是通过键盘把数据输入计算机并存放到变量中。若想通过键盘获得数据,就必须在程序中使用输入函数。如果想看到程序的执行结果,就必须在程序中使用输出函数将运行结果输出到显示器。

例如,用 C 语言编程求某学生的数学、英语、政治三门课程的总成绩,要求学生成绩用键盘输入。若想实现这个功能,首先必须通过输入函数输入三门课的成绩,然后进行求和,最后把得到的结果通过输出函数输出到显示器上。

前面介绍过,在 C 语言中,所有数据的输入/输出都是由系统提供的库函数完成的。在使用系统的库函数时,要用预编译命令♯include 将有关头文件包含到源文件中。使用标准输入/输出库函数时要用到 stdio.h 头文件,因此在程序的开头应写上预处理命令♯include ＜stdio.h＞或♯include "stdio.h"。

2.4.2 格式输入/输出函数

1. 格式输出函数 printf()

(1) 功能:向终端(或系统隐含指定的输出设备)输出若干任意类型的数据。

(2) 一般形式为

printf(格式控制字符串,输出表列)

例如:

```
printf("i=%d,c=%d\n",i,c);
```

printf 后圆括号内为函数的参数,printf 函数的参数分为两部分。

① 格式控制字符串:用双撇号括起来的字符串。其中又包括以下两部分信息:

- 格式说明。由"%"和格式字符组成,例如"%d"的作用是将输出列表中的数据以十进制整数的格式输出;格式说明总是以"%"开始。

- 普通字符。需要原样输出的字符,即格式控制中除了格式说明外的其他字符;例如上面的 printf 函数中双撇号内的字符串除了"%d"外都是普通字符,输出时需要原样输出。

② 输出表列。由逗号分隔的待输出的表达式表,可以是变量、表达式或常量。格式控制中格式说明符的个数和输出列表的项数应该相等,并且在顺序上应该从左到右依次对应。

当程序执行 printf 函数时,如果格式控制部分中的字符是普通字符,则把该字符原样输出;如果该字符是格式说明符,则将相应位置换成输出列表中对应项的值。例如,当执行上面的 printf 函数时(假设 i 的值为 3,c 的值为 4),输出的结果是:i=3,c=4。

(3) 格式控制字符。在 C 语言中,不同类型的数据在输入/输出时应该使用不同的格式控制符。常用的格式控制字符有 d、c、f 和 s 等。

① d 格式符。将输出项按十进制整数(有符号数)格式输出,通常有以下几种用法。

- %d: 按整型数据的实际长度输出。
- %md: m 为指定的输出数据占用的宽度。若数据的位数小于 m,则右端对齐,左端补空格;否则按实际长度输出,例如:

```
printf("a=%3d,b=%3d", a,b);
```

当执行这个 printf 函数时(假设 a 的值为 12,b 的值为 1234),输出结果为 a=12,b=1234。

- %ld: 用来输入/输出长整型(long 型)数据。

除了以上三种用法外,还有 %-md 和 %0md。其中,%-md 表示输出时若数据位数小于 m,则左端对齐,右端补空格;%0md 表示右端对齐,左端不补空格而补 0。例如:

```
printf("a=%-3d,b=%03d",a,b),
```

当执行此输出函数时(假设 a 的值为 12,b 的值为 1),输出结果是 a=12,b=001。

② o 格式符。以八进制形式输出整数,即将内存单元中各位的值(0 或 1)转换为八进制后输出。转换时将符号位看成八进制数的一部分,因此不会输出带负号的八进制数。例如,假设整型变量 a 的值为 −1,在内存中以补码形式存放,存放形式如下:

1	1	1	1	1	1	1	1	1	1	1	1	1	1	1	1

```
printf("%d,%o",a,a);
```

输出的结果为 −1,177777。

③ x 格式符。以十六进制形式输出整数,同样不会出现带负号的十六进制数。

④ u 格式符。以无符号的形式输出整型数据,不再将存储单元中的最高位看成符号位,而是看成有效的数值位,直接转换成十进制形式输出。

【例 2.4】 阅读程序。

程序如下:

```
#include "stdio.h"
int main()
{   unsigned int x=65535;
    printf("x=%d,%o,%x,%u",x,x,x,x);
```

```
    return 0;
}
```

运行结果：

```
x=-1,177777,ffff,65535
```

⑤ c 格式符。将数据按字符形式输出。一个字符在内存中存储的是其 ASCII 码值，并且占用 1 字节，ASCII 码值与相应的整数的存放形式相同。因此，对于一个整数，只要它的值在 0～255，就可以用％c 的格式将这个整数按字符形式输出，输出前系统会将该整数作为 ASCII 码值转换为相应的字符；反之，一个字符也可以用整数形式输出。

⑥ s 格式符。用来输出一个字符串。通常有以下几种用法。

- ％s：按字符串原长输出。例如：

```
printf("%s","CHINA");
```

输出结果为 CHINA。

- ％ms：输出的字符串占 m 列，若串长小于 m，则右端对齐，左端补空格；否则突破 m 的限制输出全部字符。
- ％-ms：输出的字符串占 m 列，若串长小于 m，则左端对齐，右端补空格，否则突破 m 的限制输出全部字符。
- ％m.ns：输出的字符串占 m 列，但只取左端 n 个字符，右端对齐。
- ％-m.ns：输出的字符串占 m 列，但只取左端 n 个字符，左端对齐。

【例 2.5】 按不同的格式输出字符串。
程序如下：

```
#include "stdio.h"
int main()
{
    printf("%s,%-7s,%6.3s,%5s","world","world","world","world");
    return 0;
}
```

运行结果：

```
world,world  ,   wor,world
```

⑦ f 格式符。按小数形式输出浮点型数据，通常有以下几种用法。

- ％f：整数部分全部输出，小数部分输出 6 位；单精度有效位为 7 位，双精度有效位为 16 位。
- ％m.nf：输出数据共占 m 列，其中有 n 位小数，第 n+1 位自动四舍五入，右端对齐，左端补空格。
- ％-m.nf：输出数据共占 m 列，其中有 n 位小数，左端对齐，右端补空格。
- ％lf：输出 double 型数据，输出时可用％f，但输入时必须用％lf。

【例 2.6】　按不同的格式输出实数。

程序如下：

```
#include "stdio.h"
int main()
{   float  y;
    y=1.579;
    printf("y=%f,%6.2f,%-6.2f,%.2f",y,y,y,y);
    return 0;
}
```

运行结果：

```
y=1.579000,  1.58,1.58,1.58
```

⑧ e 格式符。以指数形式输出实数，通常有以下几种写法。

- %e：数值按规范化指数形式输出，即小数点前必须有且只有 1 位非 0 数字，例如：

```
printf("%e",123.456);
```

输出结果为 1.23456e+02（不同的编译系统，输出结果的形式略有不同）。

- %m.ne 和 %-m.ne：m、n 和"-"的含义与前相同，此处的 n 指输出数据的小数部分的小数位数。

⑨ g 格式符。用来输出实数，根据数值的大小自动选择 f 格式符和 e 格式符中输出时宽度较小的一种。

2. 格式输入函数 scanf()

（1）功能：按用户指定的格式从键盘（或系统隐含指定的其他输入设备）输入数据。

（2）一般形式为

scanf(格式控制字符串,地址列表)

① 格式控制字符串：用来指出在输入设备上输入数据的格式，包括格式说明符和普通字符两种信息，格式说明符的基本含义与 printf 函数中的格式说明符相同。

② 地址列表：是由若干地址组成的表列，可以是变量的地址，也可以是字符串的首地址。

格式控制字符串中格式说明符的个数应和地址列表中的项数相等，顺序为从左到右依次对应。当执行 scanf 函数时，系统会进入输入界面，光标闪动，等待用户从键盘输入数据。输入时按格式控制字符串中的字符顺序输入，若该字符是普通字符，则在键盘上必须原样输入该字符；若该字符为格式控制符，则按格式控制符指定的类型和格式输入数据。

【例 2.7】　用 scanf 函数输入数据。

程序如下：

```
#include "stdio.h"
```

```
int main()
{   int a,b;
    scanf("%d%d",&a,&b);
    printf("%d,%d\n",a,b);
    return 0;
}
```

运行结果：

```
1 2
1,2
```

【说明】 在本例中，& 是地址运算符，&a 是指 a 在内存中的地址。当执行 scanf 函数时，系统会把输入数据存放到地址列表的各地址中。"%d%d"表示按十进制整数形式输入 2 个数据，输入数据时，数据之间用一个或多个空格隔开，也可以用 Enter 键或 Tab 键分隔数据。如果遇到非法输入，则输入过程自动结束。例如：当要求输入整数时，若输入了一个字母，则输入过程就结束了。

（3）使用说明如下。

① "格式控制字符串"后面的地址列表中应当是变量地址，而不是变量名。例如："scanf("%d,%d", a,b);"是不正确的，系统不会提示语法错误，但变量 a 和 b 得不到输入的值。

② 在"格式控制字符串"中，除格式说明以外若还有其他字符，例如","";"以及空格等字符，则输入数据时必须原样输入这些字符，否则得不到正确的数据。

例如：

```
scanf("%d,%d",&a,&b);
```

输入时应按如下形式输入：

```
1,2
```

由于格式控制中的两个格式符之间有逗号，因此输入时数据之间用逗号隔开，若用其他字符隔开，则属于非法输入。

又如：

```
scanf("a=%d,b=%d",&a,&b);
```

输入时应按如下形式输入：

```
a=1,b=2
```

③ 输入浮点型数据时不能规定精度，例如下面的输入语句是非法的：

```
float a;
scanf("%4.2f",&a);
```

④ 可以指定输入整型数据所占的列数，系统会自动根据指定宽度截取所需数据。

【例 2.8】 按指定宽度输入数据。

程序如下：

```
#include "stdio.h"
int main()
{   int a,b;
    scanf("%3d%3d",&a,&b);
    printf("a=%d,b=%d",a,b);
    return 0;
}
```

运行结果：

```
12345678
a=123,b=456
```

⑤ "％"后可加"＊"说明符，表示跳过指定的列数。

【例 2.9】 输入数据举例。

程序如下：

```
#include "stdio.h"
int main()
{   int a,b;
    scanf("%2d%*2d%3d",&a,&b);
    printf("a=%d,b=%d\n",a,b);
    return 0;
}
```

运行结果：

```
1234567
a=12,b=567
```

【说明】 当执行 scanf 函数时，系统会根据格式说明"％2d"首先截取 2 位数字 12 并赋给变量 a，然后按"％＊2d"跳过 2 位(34)，最后截取 3 位数字 567 并赋给 b。

⑥ 在使用"％c"格式输入字符时，空格字符和转义字符都作为有效字符输入，例如：

```
scanf("%c%c%c", &c1,&c2,&c3);
```

输入时应按以下形式输入：

```
abc
```

由于％c 要求只读入一个字符，因此字符之间不需要用空格隔开，系统会自动把字符 'a'、'b'和'c'分别赋给变量 c1、c2 和 c3。

若输入：

```
a b c
```

则系统会把字符'a'赋给 c1,空格字符赋给 c2,字符'b'赋给 c3,字符'c'没有赋给任何变量,从而不能得到希望的结果。

2.4.3　字符输入/输出函数

1. 字符输入函数 getchar()

(1) 功能:从终端(或系统隐含指定的输入设备)输入一个字符。

(2) 一般形式为

getchar()

(3) 说明如下。

① 该函数没有参数。

② 该函数包含在头文件 stdio.h 中。

③ 该函数只能接收一个字符,函数的返回值就是输入的字符,通常把输入的字符赋予一个字符变量或整型变量,例如:

```
c=getchar();
```

2. 字符输出函数 putchar()

(1) 功能:向终端(或系统隐含指定的输出设备)输出一个字符。

(2) 一般形式为

putchar(c);　　　　　　　　　　　/* c可以是字符、整型变量、常量或表达式 */

(3) 说明如下。

① 该函数包含在头文件 stdio.h 中。

② 该函数可以输出转义字符、字符常量及表达式。例如:

```
putchar('\n'); putchar('a');
```

【**例 2.10**】　从键盘输入一个字符,然后将其输出到显示器上。

程序如下:

```
#include "stdio.h"
int main()
{   char c;
    c=getchar();
    putchar(c);
    return 0;
}
```

运行结果:

```
a
a
```

本例的程序可以写得更简洁：直接把输入的字符输出，不赋给变量。程序如下：

```
#include <stdio.h>
int main()
{   putchar(getchar());
}
```

2.4.4 应用举例

【例 2.11】 求某学生的数学、英语、政治三门课程的总成绩，要求成绩从键盘输入。

【分析】 本例实现的功能正是本节引例中提到的问题，其算法已经介绍过。

程序如下：

```
#include "stdio.h"
int main()
{   float x,y,z,sum;
    scanf("%f%f%f",&x,&y,&z);
    sum=x+y+z;
    printf("sum=%.1f",sum);
    return 0;
}
```

运行结果：

```
98 90.5 100
sum=288.5
```

【例 2.12】 从键盘输入一个小写字母，然后输出其对应的大写字母。

【分析】 查看字符的 ASCII 表可知，一个大写字母和对应的小写字母在 ASCII 码值上相差 32，例如，'a'的 ASCII 码值为 97，'A'的 ASCII 码值为 65。因此，要想实现题目要求的功能，首先输入一个小写字母，然后将其 ASCII 码值减去 32，所得值即为对应大写字母的 ASCII 码值，最后以字符格式输出。

程序如下：

```
#include "stdio.h"
int main()
{   char c1;
    c1=getchar();
    c1=c1-32;
    putchar(c1);
    return 0;
}
```

运行结果：

```
a
A
```

2.5 小 结

本章内容是 C 程序设计的基础知识,主要介绍了常量的分类、变量的分类和数据的输入/输出。通过本章的学习,应掌握以下内容。

(1) 常用的常量有整型常量、浮点型常量、字符常量和字符串常量。每类常量还有不同的表示方法。

(2) 常用的变量有整型变量、浮点型变量和字符型变量。使用变量时必须先定义、后使用,每种变量有不同的表示范围,例如对于 short 型能表示的最大正整数,当程序中涉及的整数超出范围时,就不能再用 short 型,而可以选择 long 型,若整数再超过 long 型的表示范围,就要选择 float 型或 double 型。

(3) 标识符是用来标识变量、符号常量、函数、数组、类型等数据对象的有效字符序列。命名标识符的规则:必须以英文字母或下画线开头,其后可以跟字母、数字和下画线。

(4) C 语言本身没有专门的数据输入/输出语句,所有数据的输入/输出都是由系统提供的库函数完成的。在使用系统的库函数时,要用预处理命令 ♯include 将有关头文件包含到源文件中。使用标准输入/输出库函数时要用到 stdio.h 头文件,因此在程序的开头应写上预编译命令 ♯include ＜stdio.h＞或 ♯include "stdio.h"。

(5) 格式输入函数为 scanf(),格式输出函数为 printf()。这两个函数的参数都包括两部分,输入函数的参数为"格式控制字符串"和"地址列表",输出函数的参数为"格式控制字符串"和"输出列表"。

(6) 常用的格式说明符有:%d(十进制整数格式)、%c(字符格式)和%f(浮点格式),需要特别注意的是,输入/输出 long 型数据时用%ld,输入/输出 double 型数据时用%lf。

习 题 2

一、选择题(可能有多个正确选项)

1. 下列标识符中,不合法的用户标识符为_____。
   A. Pad   B. a_10   C. CHAR   D. a♯b
   E. _int

2. 下列标识符中,合法的用户标识符为_____。
   A. day   B. E2   C. 3AB   D. enum
   E. a   F. long

3. 以下_____是不正确的转义字符。
   A. '\\'   B. '\"   C. '\081'   D. '\0'

4. 若 x 是 int 型变量,y 是 float 型变量,所用的 scanf 调用语句格式为

```
scanf("x=%d,y=%f",&x,&y);
```

则为了将数据 10 和 66.6 分别赋给 x 和 y,正确的输入应是_____。

　　A. x=10,y=66.6<Enter>

　　B. 10 66.6<Enter>

　　C. 10<Enter>66.6<Enter>

　　D. x=10<Enter>y=66.6<Enter>

5. 若 m 为 float 型变量,则执行以下语句后的输出结果为_____。

```
m=1234.123;
printf("%-8.3f\n",m);    printf("%10.3f\n",m);
```

　　A. 1234.123　　　　B.　　1234.123　　　　C. 1234.123　　　　D. −1234.123

　　　1234.123　　　　　　1234.123　　　　　　1234.123　　　　001234.123

6. 若 n 为 int 型变量,则执行以下语句后的输出结果为_____。

```
n=32767;
printf("%010d\n",n);    printf("%10d\n",n);
```

　　A. 0000032767　　B. 32767　　　　　　C.　　　32767　　　D. 无结果

　　　　　32767　　　　　0000032767　　　　　32767　　　　　　无结果

二、阅读程序,写出运行结果

1.

```
#include "stdio.h"
int main()
{   int x,y;
    scanf("%d% * d%d",&x,&y);
    printf("%d\n",x+y);
}
```

程序运行时输入:

```
12 34 567
```

运行结果:_____。

2.

```
#include "stdio.h"
int main()
{   char a,b,c;
    scanf("%c%c%c",&a,&b,&c);
    printf("%d %d %d ",a,b,c);
    printf("%c%c%c\n",a,b,c);
}
```

程序运行时输入：

123

运行结果：_____。

三、简答题

1. 从键盘输入一个实数，对其小数部分的第 2 位进行四舍五入后再输出。

2. 从键盘输入一个大写字母，然后输出其对应的小写字母。用 scanf 函数和 printf 函数实现字母的输入和输出。

第3章

运算符与表达式

本章重点

- 算术运算符和算术表达式。
- 赋值运算符和赋值表达式。
- 各种运算符的优先级。

3.1 运算符与表达式概述

在 C 语言中,经常需要对数据进行运算或操作,最基本的运算形式通常由一些表示特定的数学或逻辑操作的符号描述,这些符号称为运算符或操作符,被运算的对象(数据)称为运算量或操作数。由运算符连接的运算对象组成的符合 C 语言语法规则的式子称为表达式,表达式描述了对哪些对象按什么顺序进行什么样的操作。

C 语言提供了丰富的运算符,能构成多种表达式,表达式把基本操作都作为运算符处理,使得 C 语言处理问题的功能强、范围广。

C 语言的运算符可以分为以下 13 类。

(1) 算术运算符	(+、-、*、/、%、++、--)
(2) 关系运算符	(>、<、>=、<=、==、!=)
(3) 逻辑运算符	(!、&&、||)
(4) 位运算符	(~、&、|、^、<<、>>)
(5) 赋值运算符	(=及其扩展赋值运算符)
(6) 条件运算符	(?:)
(7) 强制类型转换运算符	(类型)
(8) 逗号运算符	(,)
(9) 指针运算符	(*、&)
(10) 求字节运算符	(sizeof)
(11) 分量运算符	(.、->)
(12) 下标运算符	([ ])
(13) 其他	(如圆括号、函数调用运算符())

本章主要介绍算术运算符、赋值运算符、逗号运算符和强制类型转换运算符等。其

他运算符将在后面的章节中陆续介绍。

在学习运算符时要掌握运算符的几个属性,包括运算符的目数、优先级和结合性等,同时要注意运算符要求的运算量类型及结果类型。

3.2 基本算术运算符与算术表达式

1. 基本算术运算符

算术运算符中,加或正号($+$)、减或负号($-$)、乘($*$)、除($/$)、求余($\%$)为基本算术运算符,功能和数学中的类似,但用法有很大的不同,以下几点需要特别注意。

(1) $+$(加法)、$-$(减法)、$*$(乘法)、$/$(除法)、$\%$(求余)为双目运算符,即参加运算时要求有两个运算量。运算过程中先乘除、后加减,即乘、除($*$,$/$,$\%$)的优先级高于加减($+$,$-$)。若优先级相同,则按自左至右的结合方向计算,这一点和数学中的运算规则一致。C 语言中,当一个运算量两侧的运算符优先级相同时,则根据运算符的结合性进行运算。运算符的结合性分为两种,即左结合性(自左至右)和右结合性(自右至左),这 5 个算术运算符都是左结合的,例如,运算 $2-3*4$ 表达式时,3 的两侧的运算符为 $-$ 和 $*$,按优先级先乘后加,而运算 $1+2-3$ 时,2 的两侧的运算符的优先级相同,则根据运算符的左结合性按从左到右的方向运算。

(2) $+$(正号)和 $-$(负号)为单目运算符,即只要求有一个运算量。C 语言中,所有单目运算符的优先级均高于双目运算符,所有单目运算符都是右结合的,即优先级相同时按从右到左的方向运算。

(3) $+$、$-$、$*$、$/$的运算量可以是整型或浮点型数据,结果的类型由运算对象的类型决定,而"$\%$"要求两个运算量都必须为整型数据,结果也是整型数据,是两个整数相除后的余数。另外,运算结果的正负号与被除数的符号一致。例如,$7\%4$ 的值为 3,$9\%10$ 的值为 9,$5/2\%3$ 的值为 2,$9\%(-2)$ 的值为 1。

(4) 两个整数相除的结果为整数,舍弃小数部分,如 $5/3$ 的值是 1。但是如果被除数或除数中有一个负数,则舍入的方向是不固定的。例如,$-5/3$ 的运算结果在有的系统中是 -1,而在有的系统中是 -2。但多数系统均采用"向 0 取整"的规则,即取整数时向 0 靠拢。例如,$5/3$ 的结果是 1,$-5/3$ 的结果是 -1。

2. 算术表达式

用算术运算符和圆括号将运算对象连接起来,且符合 C 语言语法规则的式子称为 C 算术表达式,运算量包括常量和变量等。将数学中的表达式写成 C 算术表达式时,必须满足 C 语言的语法规则。例如,$\frac{1}{2}ab$ 写成 C 算术表达式应为 $1.0/2*a*b$ 或 $1/2.0*a*b$,请考虑为什么不能写成 $1/2*a*b$。

3. C 算术表达式的常用规则

(1) 乘号不能省。如:ab 应写成 $a*b$,否则系统会认为 ab 为一个变量名。

（2）C 算术表达式中可以使用圆括号改变运算顺序，因为圆括号是 C 语言中优先级最高的运算符之一，在一个表达式中会最先执行圆括号这个运算符，圆括号可以嵌套使用，但左右括号必须匹配。

（3）应避免两个运算符并置。如：$a*b/-c$ 应写为 $a*b/(-c)$。

（4）由于两个整数相除的结果仍为整数，因此若想让得到的结果为实数，就必须把除数或被除数转换成实数。如：$5/12$ 应写成 $5.0/12$ 或 $5/12.0$。

（5）表达式中的所有符号要写成一行。如：$\frac{1}{2}$ 应写成 $1/2.0$。

（6）上下角标不能直接写，需要转换。如：$x^2 \rightarrow x*x$，$x_1 \rightarrow x1$。

（7）调用标准数学函数时，自变量应写在一对括号内。如：$|-216|$ 应写成 $\text{fabs}(-216)$，$\sin12$ 应写成 $\sin(12)$，e^x 应写成 $\exp(x)$。常用的标准数学库函数见附录 D。

（8）三角函数的自变量应使用弧度。如：$\sin50°$ 应写成 $\sin(50*3.1415926/180)$。

【例 3.1】　把下面的数学表达式写成 C 算术表达式。

$$\frac{2a + \sin(45°)}{|x-y| e^{2.3}}$$

解：

$(2*a+\sin(45*3.1415926/180))/(\text{fabs}(x-y)*\exp(2.3))$

【例 3.2】　编写程序，区分整型数据和浮点型数据参与除法运算的不同。

```
#include <stdio.h>
int main(){
    int a=10;
    float x,y;
    x = a/20;
    y = a/20.0;
    printf("x=%f\n",x);
    printf("y=%f\n",y);
    return 0;
}
```

运行结果：

```
x=0.000000
y=0.500000
```

当参与除法运算的数据都是整型数据和浮点型数据时，结果是完全不同的，如同我们在学习、生活和工作中要严格依法依章办事，讲规则，守规则，做任何事情都要一丝不苟，要做遵纪守法的文明人。

3.3　赋值运算符与赋值表达式

1. 赋值运算符

C 语言中，"="称为赋值运算符，用来连接两个操作数，其一般形式为

变量=表达式

其作用是将"="右面的表达式的值赋给左面的变量,赋值运算符是有方向的,意义和数学中的等号不同,C语言中用"=="表示相等。

例如:

```
a=3;          /* 把整数 3 赋给变量 a,即存储到 a 中 */
b=4;
a=b;          /* 把 b 的值赋给 a 后,a 和 b 的值都是 4 */
b=a;          /* 假设赋值之前,还是 a=3,b=4,把 a 的值赋给 b 后,a 和 b 的值都是 3 */
```

赋值运算符是双目运算符,是右结合的,赋值运算符的优先级比较低,仅高于逗号运算符,例如:

```
a=a+1;        /* 先计算 a+1 的值,然后赋值给变量 a,变量 a 的存储单元中的原值被覆盖 */
```

2. 赋值表达式

由赋值运算符将一个变量和一个表达式连接起来的式子称为赋值表达式。既然是表达式,就应该有一个确定的值,这个值就是被赋值后左边变量的值,例如,表达式 a=3+2 的值就是 5,可以将一个赋值表达式再赋给一个变量,例如表达式:

```
b=a=3+2
```

在 a 的两侧有两个赋值运算符,先运算哪一个由运算符的结合性决定,赋值运算符是右结合的,所以运算顺序为从右至左,先运算右边的赋值表达式 a=3+2,前面的表达式相当于 b=(a=3+2),先运算 a=3+2,a 的值是 5,赋值表达式 a=3+2 的值也是 5,再将 5 赋给 b,变量 b 的值为 5,同时表达式 b=a=3+2 的值也是 5。

3. 复合的赋值运算符

赋值运算符与算术运算符和位运算符的结合形成了 10 个复合赋值运算符,包括:
+=,-=,*=,/=,%=(与算术运算结合)
<<=,>>=,&=,^=,|=(与位运算符结合)

后 5 种复合赋值运算符与位运算有关,将在第 9 章介绍,本章主要介绍前 5 种。例如:

a+=3 等价于 a=a+3。

x*=y+8 等价于 x=x*(y+8)。

```
a+=a-=a*=a          /* 若 a 的初值为 3,则表达式的值为 0 */
```

此表达式为复合的赋值表达式,它的求解过程如下。

① 按结合方向用加括号的方法确定计算顺序:a+=(a-=(a*=a))。

② 改写成常规的写法:a=a+(a=a-(a=a*a))。

③ 依次计算:a=a+(a=a-(a=9));a=a+(a=a-9);a=a+(a=0);a=a+0;

a＝0＋0；a＝0。

在上面的复合赋值表达式的求解过程中,当运算表达式 a＝9 时,a 中的数据 3 被替换成了 9,因此在运算后面的表达式 a－9 时,参与运算的 a 的值是 9,而不再是 3。

赋值表达式可以包括在其他表达式中。如"printf("％d",a＝b);",执行此输出语句时,首先计算赋值表达式 a＝b 的值,然后把表达式的值输出。

3.4　不同数据类型的转换

当把一个常量赋值给一个变量或不同的数据类型一起参与运算时,通常要求它们的类型是一致的,若它们的类型不一致,但都是数值型或字符型,就要先把数据转换成相同类型后再执行相应的运算。这个转换过程包括两种方式:自动转换和强制转换。

3.4.1　自动转换

自动转换是由 C 语言的编译器自动执行的,赋值时的自动转换主要包括以下 6 方面:

(1) 将浮点型数据(包括单、双精度)赋给整型变量时,舍弃实数的小数部分。例如:

```
int i;
i=3.54;
```

当执行上述语句时,变量 i 中存储的值是右端数据的整数部分 3。

(2) 将整型数据赋值给浮点型变量时,数值不变,但以实数形式存储到变量中。例如:

```
float a=12;
```

当上述语句执行结束后,变量 a 中存储的值为 12.0,按％f 格式输出时会得到 12.000000。

(3) 将 double 型数据赋给 float 变量时,截取其前 7 位有效数字,放到 float 变量的存储单元中;将一个 float 型数据赋给一个 double 型数据,数值不变,有效位扩展到 16 位。

(4) 将字符型数据赋给整型变量时,将字符型数据在内存中的存储内容(占 1 字节)放到整型变量存储单元的低 8 位(1 字节);对于高 8 位,不同的系统有不同的处理,有的补 0,有的补 1。将整型数据赋给一个 char 型变量时,只将其内存中的低 8 位原样赋给 char 型变量,高 8 位截去。例如:

```
char c;
int i=321;
c=i;
```

当把整型变量 i 中的 321 赋给字符型变量 c 时,只把低 8 位的数据赋给变量 c,即 c 的值是 65,用％c 输出时,输出的结果是字符'A'。赋值情况如图 3.1 所示。

(5) 将带符号的 int 型数据赋给 long 型变量时,将 int 型数据放入 long 型变量的低 16 位;高 16 位实行符号位扩展,即若 int 型数据为正数,则 long 型变量的高 16 位补 0,否

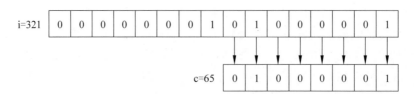

图 3.1 整型数据赋给字符型变量

则补 1。将 long 型数据赋给 int 型变量时，只需要将 long 型数据的低 16 位放入 int 型变量，高 16 位截去，此时数据可能发生变化。

例如：

```
long a=65536;
int b;
b=a;
```

将长整型变量 a 中的 65536 赋给整型变量 b 时，只把低 16 位赋给了 b，即 b 的值是 0，赋值情况如图 3.2 所示。

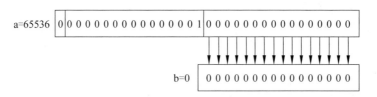

图 3.2 长整型数据赋给整型变量

（6）将 unsigned int 型数据赋给 long int 型变量时，把 unsigned 型数据放入 long 型数据的低 16 位，高 16 位补 0。将 unsigned 型数据赋给一个所占字节相同的整型变量时，数据将原样放入非 unsigned 型变量，但可能会因超出范围而出错，这是由于 unsigned 型数据的范围要比相应的非 unsigned 型数据的范围大。将非 unsigned 型数据赋给长度相同的 unsigned 型变量时，也是原样照赋（符号位的数字作为数值一起传送）。

从以上几方面的赋值情况可以看出，不同类型的整型数据之间的赋值实质上就是按存储单元中的存储形式直接传送。将占用字节数少的整型数据赋给占用字节数多的变量时，要对高位部分补 0 或补 1；相反，将占用字节数多的整型数据赋给占用字节数少的变量时，只截取低位部分赋值，高位部分舍掉，因为内存单元中的数据是按补码存放的，这里涉及补码的知识，不再详述。

整型、浮点型和字符型数据可以进行混合运算，不同类型的数据在同一表达式中参与运算时也会发生自动转换，将不同类型的数据先转换成同一类型，然后进行运算。87ANSI C 的转换规则如图 3.3 所示。

在图 3.3 中，向左的箭头表示必定的转换。例如，若表达式中出现了 short 型或 char 型，则必定转换为 int 型进行运算；若为 float 型，则必定转换为 double 型，以提高运算精度。

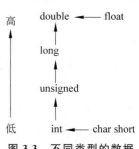

图 3.3 不同类型的数据转换规则

向上的箭头表示当运算对象为不同类型时的转换方向。例如,int 型和 float 型数据进行运算时,首先 float 型必定转换为 double 型,int 型直接转换为 double 型,然后两个 double 型进行运算,结果为 double 型。

从图 3.3 中可以看出,表达式中只要有一个 float 型或 double 型数据,结果就必定是 double 型。例如,若已知:"int x; float y; double m; long n;",则计算表达式 1+'b'+x/y—m * n 时,按各运算符的优先级和结合性,表达式的运算顺序如下。

① 进行 x/y 运算,将 x 和 y 都转换成 double 型,然后相除,结果为 double 型。

② 将 n 转换成 double 型,然后进行 m * n 运算,结果为 double 型。

③ 进行 1+'b'的运算,将'b'转换为 int 型数据 98,然后相加,结果为 int 型数据 99。

④ 将 1+'b'的结果转换成 double 型后与 x/y 的运行结果相加,结果为 double 型。

⑤ 将 1+'b'+x/y 的结果与 m * n 的结果相减,最后表达式的结果类型为 double 型。

3.4.2　强制类型转换

强制类型转换通过强制类型转换运算符实现。

一般形式为

(类型标识符) 表达式

例如:

```
int a;
float b,c;
(int)b                        /* 将 b 中的值转换为 int 型 */
(int)(b+c)                    /* 先计算 b+c,然后将 b+c 的值转换成 int 型 */
```

【说明】

(1)"(类型标识符)"称为强制类型转换运算符,作用是将其后面的表达式的值转换为括号中指定的类型。C 语言的运算符非常丰富,优先级各不相同,强制类型转换运算符的优先级高于算术运算符,在执行表达式(int)b+c 时,首先把 b 的值转换成 int 型,然后进行加法运算。

(2) 在对变量进行强制类型转换时,得到的结果并没有存放到原来的变量中,即不改变原来变量的类型,只是得到一个中间值。

【例 3.3】　强制类型转换。

程序如下:

```
#include "stdio.h"
int main()
{   float a;
    int b;
    a=3.56;
    b=(int)a;
    printf("a=%f,b=%d",a,b);
}
```

运行结果：

a=3.560000,b=3

【说明】 根据运行结果可以看出，被强制类型转换的变量 a 中的值并没有改变，因此可以说明转换时只是得到了一个中间结果。

3.5　自增、自减运算符

自增运算符和自减运算符都是单目运算符，它们只能和一个单独的变量组成表达式。自增运算符和自减运算符的符号表示分别为"＋＋"和"－－"，它们的作用分别是使变量的值增加 1 和减少 1。例如，设 i 为 int 型变量，若想使 i 的值增加 1，则可以用表达式＋＋i 或 i＋＋，此时＋＋i 和 i＋＋的结果是相同的。

当＋＋i 和 i＋＋作为其他表达式的一部分时，结果是不同的。这是由于＋＋i 是先使 i 的值加 1，然后 i 参与表达式的运算；而 i＋＋是 i 先参与表达式的运算，然后使 i 的值加 1，这样就会使整个表达式的运算结果不同。自减运算与自增运算类似，只是把加 1 改成减 1。

【例 3.4】 自增运算符的应用。

程序如下：

```
#include "stdio.h"
int main()
{   int i,j,m,n;
    i=8;j=8;
    m=i++;                    /* 相当于 m=i; i=i+1;的组合 */
    n=++j;                    /* 相当于 j=j+1; n=j;的组合 */
    printf("i=%d,m=%d\n",i,m);
    printf("j=%d,n=%d",j,n);
}
```

运行结果：

i=9,m=8

j=9,n=9

【说明】

（1）自增运算符和自减运算符只能用于变量，不能用于常量或表达式。

（2）"＋＋"和"－－"是单目运算符，优先级高于所有的双目运算符，仅次于圆括号运算符，结合方向是右结合的。

3.6　逗号运算符与逗号表达式

在 C 语言中，逗号不仅可以作为分隔符，还可以作为一种运算符，用来把两个或多个表达式连接起来。逗号表达式的一般形式为

表达式 1,表达式 2,…,表达式 n

逗号运算符也称顺序求值运算符,逗号表达式的运算过程是按从左到右的顺序逐个运算每个表达式,即先运算表达式 1,再运算表达式 2,以此类推,直到表达式 n 运算结束,整个逗号表达式的值和类型就是最右边的表达式 n 的值和类型。

逗号运算符是双目运算符,优先级最低,其结合方向是从左到右。

例如:

```
a=3*5,a*4            /*先计算赋值表达式的值,结果是 a 的值为 15,逗号表达式的值为 60*/
(a=4*5,a*3),a+10              /*先进行圆括号内的表达式运算,结果 a=20,括号内的逗
                            号表达式的值为 60,整个逗号表达式的值为 30*/
```

3.7　小　　结

本章主要介绍了一些常用的运算符,包括赋值运算符、算术运算符、自增自减运算符、强制类型转换运算符和逗号运算符。其中,赋值运算符的符号是“=”,它的作用是将“=”右面的数据赋给左面的一个变量,它是有方向的,它不是数学中的等号。算术运算符中,注意“/”和“%”的特别之处,其中,除法运算符“/”两边的运算量若都为整型,则结果为整型,若有一边为浮点型,则结果为浮点型。而求余运算符“%”要求运算符两边的运算量必须为整型。自增和自减运算符“++”和“－－”在使用时有很多的细节问题,一些写法的运行结果可能会出乎你的预料,在不知道确切的结果时不要随意使用,例如当 i=2 时,经过赋值运算 j=i+++i+++i++之后,j=6,i=5。所以在使用这两个运算符时,应该仅使用其最简单的形式。

学习运算符必须掌握各个运算符的相关属性,如运算符的目数、优先级和结合性。例如,自增自减运算符是单目运算符;逗号运算符的优先级最低,其次是赋值运算符。所有单目运算符都是右结合的,所有单目运算符的优先级都高于双目运算符等。

在 C 程序中,当涉及计算数学中的表达式的值时,要注意写成符合 C 语言语法规则的 C 算术表达式,要保证值不变,包括分数的处理、添加一些必要的圆括号等。

习　题　3

一、选择题

1. 若有以下类型的说明语句:

```
char w; int x; float y; double z;
```

则表达式 w*x+z－y 的结果为_____类型。

  A. float   B. char   C. int   D. double

2. 若 x 为 int 型变量，x＝6；则执行以下语句后，x 的值为＿＿＿＿＿。

x+=x-=x * x;

    A. 36   B. －60   C. 60   D. －24

3. 若题中变量已正确定义并赋值，则下列符合 C 语言语法的表达式是＿＿＿＿＿。

    A. a％＝7.6   B. a++,a＝7+b+c

    C. int(12.3)％4   D. a＝c+b＝a+7

4. 已知 a 和 b 是 int 型变量，x 和 y 是 float 型变量，且各变量已经被有效赋值。正确的赋值语句是＿＿＿＿＿。

    A. a＝1,b＝2   B. y＝(x％2)/10;   C. x * ＝y+2;   D. a+b＝x;

二、阅读程序，写出运行结果

```
#include "stdio.h"
int main()
{   int m=1,n=10,a,b;
    a=m++;
    b=++n;
    printf("a=%d,b=%d,m=%d,n=%d\n",a,b,m,n);
}
```

运行结果：＿＿＿＿＿＿＿＿＿＿＿＿＿。

三、编程题

1. 将华氏温度转换为摄氏温度和绝对温度（下式中，c 表示摄氏温度，f 表示华氏温度，k 表示绝对温度）。

$$c=\frac{5}{9}(f-32)$$

$$k=273.16+c$$

在程序中使用 scanf 输入 f 的值，然后计算 c 和 k 的值。程序运行两次，为 f 输入的值分别是 34 和 100（注意程序中数据类型和输入/输出语句的格式）。

2. 已知整型变量 a＝6，请编程计算并输出下列赋值表达式的值。

a+=a-=a * =a

3. 输入三角形的三边长，求三角形的面积。求三角形面积的方法为 $\sqrt{s(s-a)(s-b)(s-c)}$，其中，a,b,c 为三边长，s＝(a+b+c)/2。

第4章

程序的流程控制

本章重点

- if 语句。
- for 语句、while 语句和 do-while 语句。
- break 语句。
- 求累加和、累乘积、最大/最小值,判断素数,分离数字,打印图形和求最大公约数等常用算法。

4.1 程序的基本结构

为了描述操作的执行过程,程序设计语言必须提供一套流程描述机制,这种机制一般称为控制结构,其作用为控制操作的执行过程。按照结构化程序设计的基本思想,任何程序都可以由三种基本结构构成,这三种基本结构是顺序结构、选择结构和循环结构。程序的三种基本结构如图 4.1 所示。

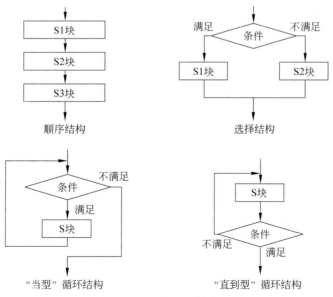

图 4.1 程序的三种基本结构

其中,最简单的是顺序结构,即从前向后按顺序往下执行。下面以第 3 章的编程题 3 为例介绍顺序结构的程序。

【**例 4.1**】 已知三角形的三边长,求此三角形的面积。

【**分析**】 已知的三边分别用变量 a,b,c 表示,通过三边求面积可以使用海伦公式,程序按顺序执行定义变量、输入数据、处理数据、输出数据等几部分。事实上,多数程序都由这几部分构成。

程序如下:

```
#include "math.h"
#include "stdio.h"
int main()
{   int a,b,c;                          /* 定义三角形的三边长为整型 */
    float s,area;                       /* s 表示半周长,area 表示面积 */
    scanf("%d%d%d",&a,&b,&c);           /* 输入已知的三条边长,整型的格式控制用%d */
    s=(a+b+c)/2.0;                      /* (a+b+c)/2 的结果是整型 */
    area=sqrt(s*(s-a)*(s-b)*(s-c));     /* 求出面积 */
    printf("area=%.2f\n",area);         /* 输出结果,保留 2 位小数 */
}
```

运行结果:

```
3 4 5
area=6.00
```

【**说明**】

(1) 程序中使用了求平方根的数学函数 sqrt,所以在程序的开头要使用文件包含命令 #include,以将头文件 math.h 包含进来。

(2) 如果已知的三边长是实数,则本程序不能得到正确的计算结果,这是因为当变量类型为整型时,不能正确表示实数,改进的办法是将 a,b,c 定义成浮点型,即"float a,b,c;",相应的数据输入改为"scanf("%f%f%f",&a,&b,&c);"。

(3) 如果输入的三边长不能构成三角形,程序将不能正确运行,改进的办法是加上条件判断:如果三边长能构成三角形,则计算面积;否则输出相应的信息,这要用 4.2 节的知识解决。

4.2 选 择 结 构

选择结构是指根据某个条件的满足与否决定执行不同的操作,C 语言中的条件判断通常由关系表达式和逻辑表达式完成,实现选择结构可使用 if 和 switch 语句。

4.2.1 关系运算符和关系表达式

1. 关系运算符

关系运算符用于对两个运算量进行大小比较,C 语言提供了 6 个关系运算符:

＜（小于）　＜＝（小于或等于）　＞（大于）　＞＝（大于或等于）
＝＝（等于）　!＝（不等于）

关系运算符都是双目运算符,是左结合的,关系运算符的优先级高于赋值运算符,低于算术运算符,关系运算符中,＜、＞、＜＝和＞＝的优先级高于＝＝和!＝。例如:

a+b<c==c>b

应理解为

((a+b)<c)==(c>b)

2. 关系表达式

用关系运算符将两个运算对象连接起来的合法式子称为关系表达式。关系表达式的值只有两个,关系表达式成立时,表示"真",其值为 1;关系表达式不成立时,表示"假",其值为 0。例如 3＜5 的值为 1,3＞5 的值为 0,3＝＝5 的值为 0,3!＝5 的值为 1。

【说明】　关系表达式 5＞3＞2 的值为 0,即 C 语言中的关系表达式和数学中的不等式不是等价的,对 C 语言中的关系表达式 5＞3＞2 进行运算时,按照优先级和左结合的规则相当于(5＞3)＞2,先计算 5＞3 的值为 1,再计算 1＞2 的值为 0。所以,当表达数学意义上的 a＞b＞c 时,不可以直接写成 a＞b＞c,而要表达出"a＞b 同时 b＞c"的意义,这就要用逻辑运算符写成 a＞b&&b＞c。

4.2.2   逻辑运算符和逻辑表达式

1. 逻辑运算符

C 语言提供了 3 个逻辑运算符:
&&（逻辑与）　　　||（逻辑或）　　　　　!（逻辑非）

逻辑非(!)为单目运算符,是右结合的,优先级高于算术运算符;逻辑与(&&)和逻辑或(||)为双目运算符,是左结合的,优先级低于关系运算符,高于赋值运算符,&& 的优先级高于||。

2. 逻辑表达式

用逻辑运算符连接的合法式子称为逻辑表达式,逻辑表达式的值应该是一个逻辑量"真"或"假"。给出逻辑运算结果时,以数值 1 代表"真",以 0 代表"假",但判断一个运算量是否为"真"时,以 0 代表"假",以非 0 代表"真"。

【例 4.2】　已知 a＝4,b＝5,求下列表达式的值。

!a   值为 0
a&&b   值为 1
a||b   值为 1
!a||b   值为 1
4&&0||2   值为 1

5＞3＆＆2‖8＜4−！0   值为 1

【说明】   在进行逻辑表达式的求解时,并不是所有的逻辑运算符都会被执行,只有在必须执行下一个逻辑运算符才能求出表达式的值时,才执行该运算符。例如:

计算表达式 a‖b‖c 的值,若 a 为真,则表达式的值一定为真,那么后面的 b 和 c 的值对整个表达式的值没有影响,就不用计算后面的 b 和 c 的值了。

【例 4.3】   已知 a＝1,b＝2,c＝3,d＝4,m＝1,n＝1,计算(m＝a＞b)＆＆(n＝c＞d) 的值。

解:

该逻辑表达式的值为 0;

该逻辑表达式执行结束后 m 的值为 0;

该逻辑表达式执行结束后 n 的值为 1。

【说明】   由于 m＝(a＞b)的值为 0,因此整个逻辑表达式的值就已经确定为 0 了,于是 ＆＆ 后面的表达式(n＝c＞d)就不会被执行了,因此 n 的值仍然保持为 1。

4.2.3 if 语句

当程序中需要根据某个条件是否满足选择执行不同的操作时,就可以使用 if 语句。if 语句有以下三种形式。

(1) 单分支形式

if 语句的单分支一般形式为

if(表达式)   语句

执行过程:如果 if 后括号内的表达式成立,即其值为 1,则执行后面的语句。

【例 4.4】   输入一个数,如果是正数就打印出来,否则什么也不做。

程序如下:

```
#include "stdio.h"
int main()
{   int x;
    scanf("%d",&x);
    if (x>0)  printf("%d\n",x);
        /* 这里的 x>0 即一般形式中的表达式,printf("%d\n",x);对应一般形式中的语句,
           表示如果 x>0 这个条件成立,就执行后面的 printf 语句 */
    printf("abc\n");    /* 这条语句不受 x 值的影响,无论 x 为何值都要执行 */
}
```

【说明】   一般形式中的语句是指一条语句,如果条件成立,需要执行多条语句,那么必须使用"{}"将多条语句括起来,构成一条复合语句。

(2) 双分支形式

if 语句的双分支一般形式为

if (表达式)   语句 1

> **else**　　语句 2

执行过程：如果表达式成立，就执行 if 后面的分支，即语句 1，否则执行 else 分支，即语句 2。

【例 4.5】　输入一个学生的成绩，判断是否及格。

程序如下：

```
#include "stdio.h"
int main()
{   int cj;
    scanf("%d",&cj);
    if (cj>=60)
        printf("pass\n");              /* 条件成立时,输出 pass */
    else
        printf("fail\n");              /* 条件不成立时,输出 fail */
}
```

运行结果：

```
88
pass
```

【例 4.6】　输入三条边，如果能构成三角形就计算其面积，否则输出不是三角形的信息。

程序如下：

```
#include "math.h"
#include "stdio.h"
int main()
{   int a,b,c;
    float s,area;
    scanf("%d%d%d",&a,&b,&c);
    if(a+b>c&&b+c>a&&a+c>b)        /* 任意两边之和大于第三边,则能构成一个三角形 */
    {   s=(a+b+c)/2.0;
        area=sqrt(s*(s-a)*(s-b)*(s-c));
        printf("area=%.2f\n",area);
    }                             /* "{}"里边的三条语句构成一条复合语句 */
    else                          /* 否则不能构成三角形 */
    printf("it is not a triangle\n");   /* 输出不是三角形的信息 */
}
```

【说明】　用 if-else 语句实现选择结构，如果条件成立则计算面积，否则输出相应的信息。

（3）多分支形式

if 语句的多分支一般形式为

if(表达式 1)　 语句 1
else if(表达式 2) 语句 2
　　　　　　…
else if(表达式 m) 语句 m
else 语句 n

执行过程：首先判断表达式 1 的值是否非 0,如果非 0,就执行语句 1,整个 if 语句结束,否则判断表达式 2 的值是否非 0,如果非 0,就执行语句 2,整个 if 结构也结束,否则判断表达式 3 是否成立,一直这样下去,如果 if 后面的所有表达式的值都为 0,就执行 else 后面的语句 n。在这样的多分支结构中,只有一条语句会被执行。若最后的 else 不存在,并且前面的所有条件都不成立,则该 if-else if 结构将不执行任何操作。

【**例 4.7**】 有如下分段函数,根据输入的 x 的值求相应的 y 值。

$$y = \begin{cases} x-1, & x<0 \\ 2, & x=0 \\ \sqrt{2x}, & x>0 \end{cases}$$

程序如下：

```
#include "math.h"
#include "stdio.h"
int main()
{   float x,y;
    scanf("%f",&x);
    if(x<0) y=x-1;
    else if(x==0) y=2;
    else y=sqrt(2*x);
    printf("x=%.2f,y=%.2f\n",x,y);
}
```

运行结果：

```
8
x=8.00,y=4.00
-5
x=-5.00,y=-6.00
0
x=0.00,y=2.00
```

【**说明**】 if 语句的第 3 种形式属于 if 语句的规则嵌套,即所有的嵌套部分都放在 else 分支中,所谓 if 语句的嵌套是指在 if 分支或 else 分支中又包含了一个 if 语句。下面是使用 if 语句嵌套的例子。

【**例 4.8**】 输入学生的成绩,输出其对应的等级,优、良、中、及格和不及格分别用 A、B、C、D 和 E 表示,如果输入的数据不在 0~100,则输出数据错误的信息。

程序如下：

```
#include "stdio.h"
int main()
{   int cj;
    scanf("%d",&cj);
    if(cj>=0&&cj<=100)                    /* 成绩在 0~100 时,才输出其对应的等级 */
        if(cj>=90)       printf("A");
        else if(cj>=80)    printf("B");
        else if(cj>=70)    printf("C");
        else if(cj>=60)    printf("D");
        else             printf("E");
    else
    printf("data error\n");
}
```

运行结果：

```
120
data error
88
B
```

【说明】　在 if 语句的嵌套结构中,应注意 if 与 else 的配对关系,else 总是与它前面最近的未配对的 if 配对,若 if 与 else 的数目不一致,则可以通过加"{}"确定配对关系。

完成多分支的程序也可以选择使用 switch 结构。

4.2.4　switch 语句

1. switch 语句的一般形式

switch 语句的一般形式为

```
switch(表达式)
{
    case   常量表达式 1 :语句 1
    case   常量表达式 2 :语句 2
    …
    case   常量表达式 n :语句 n
    default            :语句 n+1
}
```

2. switch 语句的执行过程

switch 结构也称标号分支结构,每个 case 子句都用一个常量表达式作为标号,执行时首先计算 switch 后面括号中的表达式的值,然后按照计算结果依次寻找与之相等的 case 标号值,找到之后就将流程转至标号处,并从此处往下执行;如果找不到与之匹配的

case 标号值,就从 default 标号后往下执行。当不存在 default 子句且没有相符的 case 子句时,switch 结构将不会被执行。

【例 4.9】 输入学生的成绩,输出其对应的等级,使用 switch 语句完成。

程序如下:

```c
# include "stdio.h"
int main()
{   int cj;
    scanf("%d",&cj);
    if (cj>100||cj<0)
        printf("data error\n");
    else
        switch(cj/10)                    /* 求成绩的十位数,由十位数的值确定对应的等级 */
        {   case 10:
            case 9: printf("A");
            case 8: printf("B");
            case 7: printf("C");
            case 6: printf("D");
            default: printf("E");
        }
}
```

运行结果:

```
84
BCDE
```

【说明】

(1) 当输入 84 时,输出结果为 BCDE,即程序 1 不能正确实现要求的功能。

(2) case 子句只起到语句标号的作用,它没有判断条件的功能,找到匹配的 case 标号只是找到一个入口,执行 case 后面的语句后,流程控制将转移到下一个 case 标号后的语句继续执行。如果想要在每个 case 执行之后使流程跳出 switch 结构,即终止 switch 语句的执行,则需要使用一条 break 语句达到此目的。

程序 2 如下:

```c
# include "stdio.h"
int main()
{   int cj;
    scanf("%d",&cj);
    if (cj>100||cj<0)
        printf("data error\n");
    else
        switch(cj/10)
        {   case 10:
```

```
        case 9: printf("A");break;
        case 8: printf("B");break;
        case 7: printf("C");break;
        case 6: printf("D");break;
        default: printf("E");
    }
}
```

运行结果：

```
85
B
```

注意：

（1）case 标号只是起到入口的作用，如果想让流程只执行 case 后面对应的语句，而不是顺序往下执行，需要加 break 语句。

（2）case 后面的表达式应是整型常量表达式，不能包含变量或函数。

（3）每个 case 的常量表达式的值必须互不相同，否则会出现互相矛盾的现象。

（4）当每个 case 后面都有 break 语句时，各个 case 的出现顺序不会影响执行结果。

（5）多个 case 可以共用一组执行语句。如：

```
case 10:
case 9: printf("A");break;
```

（6）匹配测试只能测试是否相等，不能测试关系表达式或逻辑表达式，即 case 没有判断条件的功能，所以不能写 case cj>=90，而是需要精心设计 switch 后面的表达式，使其只能取有限的几个值。

4.2.5 条件表达式

1. 条件运算符

条件运算符由"?"和":"两个符号组成，是 C 语言中唯一一个三目运算符，是右结合的，优先级高于赋值运算符，低于逻辑运算符。

2. 条件表达式的一般形式

条件表达式的一般形式为

表达式 1 ? 表达式 2 ：表达式 3

执行过程：如果表达式 1 为真，则条件表达式取表达式 2 的值，否则取表达式 3 的值。例如：

```
max=(a>b)?a:b;
```

相当于

```
if (a>b) max=a;
else    max=b;
```

4.2.6　选择结构程序举例

【例 4.10】　有以下分段函数，根据输入的 x 的值求相应的 y 值。

$$y = \begin{cases} x, & x < 1000 \\ 0.9x, & 1000 \leqslant x < 2000 \\ 0.8x, & 2000 \leqslant x < 3000 \\ 0.7x, & x \geqslant 3000 \end{cases}$$

程序如下：

```
#include "stdio.h"
int main()
{   float x,y;
    scanf("%f",&x);
    if (x<1000)   y=x;
    else if(x<2000)   y=0.9*x;
    else if(x<3000)   y=0.8*x;
    else   y=0.7*x;
    printf("x=%f,y=%f\n",x,y);
}
```

运行结果：

```
2500
x=2500.000000,y=2000.000000
```

此例也可以使用 switch 语句实现，设计 switch 后的表达式为(int)(x/1000)。

【例 4.11】　输入 3 个数，按照由小到大的顺序输出。

【分析】　用 a,b,c 3 个变量存放 3 个数，规定 a 中放最小的,c 中放最大的,方法是先将 a 和 b 中较小的数放到 a 中;再将 a 和 c 中较小的数放到 a 中,最后安排 b 和 c 的顺序。

程序如下：

```
#include "stdio.h"
int main()
{   float a,b,c,t;
    scanf("%f,%f,%f",&a,&b,&c);
    if(a>b) { t=a;a=b;b=t; }
    if(a>c) { t=a;a=c;c=t; }
    if(b>c) { t=b;b=c;c=t; }
    printf("%5.2f,%5.2f,%5.2f",a,b,c);
}
```

运行结果：

```
3,9,6
 3.00, 6.00, 9.00
```

对于选择结构,输入不同的值会产生不同的选择和输出结果,如同我们在人生的道路上会面临多种选择,做出的每个决定都会产生蝴蝶效应,进而影响大局。因此要树立正确的人生观和价值观,特别是当个人利益与社会利益乃至国家利益产生冲突时,要以大局为重,以社会利益、国家利益为重。通过条件语句的学习,我们要懂得在生活中"鱼和熊掌不可兼得"的道理。

4.3　循　环　结　构

【引例 4.1】　从键盘上输入 4 个学生的成绩,求总和。

算法 1：

在内存中设一累加用的存储单元 sum。

第 1 步：将存储单元 sum 清零。

第 2 步：输入第 1 个数存放在 a1 中。

第 3 步：把 a1 加到 sum 中。

第 4 步：输入第 2 个数存放在 a2 中。

第 5 步：把 a2 加到 sum 中。

第 6 步：输入第 3 个数存放在 a3 中。

第 7 步：把 a3 加到 sum 中。

第 8 步：输入第 4 个数存放在 a4 中。

第 9 步：把 a4 加到 sum 中。

第 10 步：把存储单元 sum 中的结果输出。

这 4 个数也可以用一个变量 x 表示,写成算法 2。

算法 2：

在内存中设一累加用的存储单元 sum。

第 1 步：将存储单元 sum 清零。

第 2 步：输入第 1 个数存放在 x 中。

第 3 步：把 x 加到 sum 中。

第 4 步：输入第 2 个数存放在 x 中。

第 5 步：把 x 加到 sum 中。

第 6 步：输入第 3 个数存放在 x 中。

第 7 步：把 x 加到 sum 中。

第 8 步：输入第 4 个数存放在 x 中。

第 9 步：把 x 加到 sum 中。

第 10 步：把存储单元 sum 中的结果输出。

注意：变量中的值是最新输入的值，以前的值将被覆盖。

相应的程序如下：

```
#include "stdio.h"
int main()
{   int x,sum=0;
    scanf("%d",&x);
    sum=sum+x;
    scanf("%d",&x);
    sum=sum+x;
    scanf("%d",&x);
    sum=sum+x;
    scanf("%d",&x);
    sum=sum+x;
    printf("sum=%d\n",sum);
}
```

运行结果：

```
3 4 6 8
sum=21
```

这是顺序结构的程序，程序中的两条语句"sum＝sum＋x;"和"scanf("％d",＆x);"重复写了 4 次，如果要求 100 个学生的成绩和，则这两句就要重复写 100 次，这说明这样的问题不适合使用顺序结构完成。当程序需要多次重复执行某一组操作时，可以使用循环结构实现。实际应用中，通常会把复杂的问题转换为简单的、易于理解的操作的多次重复。C 语言中，实现循环的常用语句为 while、do-while 和 for 语句。

4.3.1　while 语句

（1）一般形式

while 语句的一般形式为

while(表达式)
　　循环体语句

（2）作用：实现"当"型循环，只要表达式非 0，就一直执行循环体语句。

（3）特点：先判断表达式，后执行循环体语句。

（4）执行过程：首先计算表达式的值，如果表达式的值非 0，则执行循环体语句，否则跳过循环体，执行 while 语句后面的语句；在进入循环体之后，每次执行循环体语句之后都再回来判断表达式的值，如果非 0，则继续执行循环体；如果为 0，则退出循环，如图 4.2 所示。

【例 4.12】　从键盘输入的 4 个学生的成绩，求总和。

程序如下：

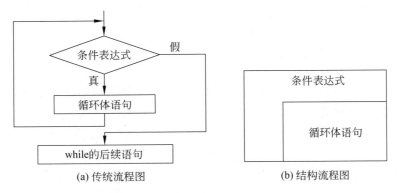

(a) 传统流程图　　　　　(b) 结构流程图

图 4.2　while 语句的两种流程图

```c
#include "stdio.h"
int main()
{   int i=1,s=0,x;
    while(i<=4)
    {   scanf("%d",&x);
        s=s+x;
        i++;
    }
    printf("%d\n",s);
}
```

运行结果：

```
68 78 96 84
326
```

【例 4.13】　用 while 语句求 $1+2+3+\cdots+100$ 的值。

【分析】

(1) 用变量 sum 存放和，sum 的初值为 0。

(2) 用变量 i 表示累加变量，i 的初值为 1。

(3) 循环条件为 $i\leqslant 100$。

图 4.3 为求 $1+2+3+\cdots+100$ 的值的流程图。

程序如下：

```c
#include "stdio.h"
int main()
{   int i=1,sum=0;
    while(i<=100)
    {   sum+=i;
        i++;
    }
    printf("sum=%d\n",sum);
```

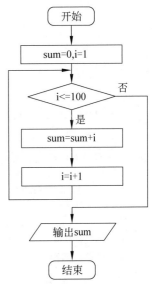

图 4.3　求 $1+2+3+\cdots+100$ 的值的流程图

```
}
```

运行结果：

```
sum=5050
```

【说明】 while 语句中,循环体语句的顺序、循环变量的初值和循环条件之间会相互影响。例如,把循环变量 i 的初值设为 0,同时将循环体语句改为"{i++;sum+i;}",则相应的循环条件需要改为 i<100。写循环程序时,要特别注意循环初值、语句顺序和循环条件之间的相互影响,避免多加一项或少加一项的问题。

【例 4.14】 从键盘输入若干学生的成绩,求其平均成绩,以−1 为终止标志。

【分析】 求平均成绩需要先求学生个数 n 和成绩总和 sum,输入的成绩用 x 表示,输入的 x 如果不等于−1,就进行求和及计数;如果等于−1,就结束循环,然后求平均成绩,如图 4.4 所示。

程序如下：

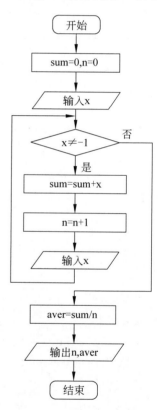

```
#include "stdio.h"
int main()
{   int x,sum=0,n=0;
    float aver;
    scanf("%d",&x);
    while(x!=-1)
    {   sum+=x;                    /* 求成绩和 */
        n++;                       /* 计数 */
        scanf("%d",&x);            /* 输入下一个成绩 */
    }
    aver=sum*1.0/n;
    printf("%d个学生的平均成绩为:%.2f\n",n,aver);
}
```

运行结果：

```
66 78 92 83 75 68 -1
6个学生的平均成绩为:77.00
```

4.3.2 do-while 语句

图 4.4 求平均值的流程图

（1）do-while 语句的一般形式为

do
　　循环体语句
while(表达式);

（2）作用：实现"直到"型循环。

（3）特点：先执行语句,后判断条件,直到条件不满足为止。

（4）执行过程：先执行循环体语句，再求解表达式的值，如果表达式非 0，就再回来执行循环体语句；如果表达式为 0，就结束循环；从执行过程看，do-while 语句中的循环体至少会被执行一次，如图 4.5 所示。

例 4.12 可以用 do-while 语句改写成如下形式。

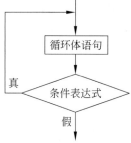

```c
#include "stdio.h"
int main()
{   int i=1,s=0,x;
    do
    {   scanf("%d",&x);
        s=s+x;
        i++;
    }while(i<=4);
    printf("%d\n",s);
}
```

图 4.5　**do-while** 语句的传统流程图

运行结果：

```
68 78 96 84
326
```

同样，例 4.13 的 while 语句可以用 do-while 语句改写成如下形式。

```c
#include "stdio.h"
int main()
{   int i=1,sum=0;
    do
    {   sum+=i;
        i++;
    }while(i<=100);
    printf("sum=%d\n",sum);
}
```

运行结果：

```
sum=5050
```

【说明】　上面 3 个例子中，while 语句和 do-while 语句中的循环体语句是完全一样的，但在有些情况下，这两种语句是有区别的，例如将例 4.14 中的 while 语句改写成 do-while 语句后，可以只写一次 scanf，但循环体中的语句顺序需要改变，结果也会相应地发生变化。

例 4.14 中的程序如下：

```c
#include "stdio.h"
int main()
{   int x,sum=0,n=0;
    float aver;
    do
```

```
{    scanf("%d",&x);
     sum+=x;
     n++;
}while(x!=-1);
aver=(sum+1)*1.0/(n-1);
printf("%d 个学生的平均成绩为: %.2f\n",n-1,aver);
}
```

运行结果：

```
66 78 98 86 -1
4 个学生的平均成绩为：82.00
```

【说明】 此程序的执行过程是先输入一个数，然后求和、计数，再判断输入的数是否为−1，如果不等于−1，则继续执行循环体（输入一个数，求和，计数）；如果等于−1，就结束循环。当循环结束时，最后输入的−1 也加到了 sum 中，个数 n 中也包含了−1 这个不该被计数的数，所以求平均值时需要进行处理，请读者考虑其他的处理办法。

【例 4.15】 求两个整数的最大公约数。

【分析】 求两个数 a 和 b 的最大公约数通常采用辗转相除法，即先用大数 a 除以小数 b，得到的余数记为 r，如果 r 不等于 0，就继续做除法，用前一次的除数 a 作被除数，前一次的余数 r 作除数，继续求余，直到余数等于 0 为止，这时的除数就是最大公约数。

例如，a＝18，b＝14，求 a 和 b 的最大公约数的过程如图 4.6 和图 4.7 所示。

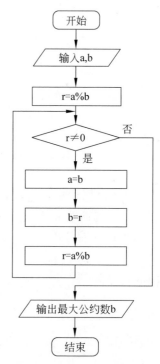

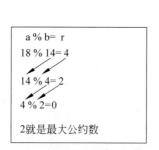

图 4.6　辗转相除法的过程　　　　图 4.7　辗转相除法的流程图

用 while 语句实现的程序如下：

```
#include "stdio.h"
int main()
{   int a,b,r;
    scanf("%d%d",&a,&b);
    r=a%b;
    while(r!=0)
    {   a=b;
        b=r;
        r=a%b;
    }
    printf("gcd=%d\n",b);
}
```

用 do-while 语句实现的程序如下：

```
#include "stdio.h"
int main()
{   int a,b,r;
    scanf("%d%d",&a,&b);
    do
    {   r=a%b;
        a=b;
        b=r;
    }while(r!=0);
    printf("gcd=%d\n",a);
}
```

4.3.3　for 语句

当已知循环次数时，通常使用 for 语句。

（1）for 语句的一般形式为

for（表达式 1；表达式 2；表达式 3）　循环体语句

例如：

```
for(i=1;i<=10;i++)
sum=sum+i;
```

以上程序可以将 1～10 加到 sum 中。

（2）执行过程。

① 计算表达式 1，给循环变量赋初值；

② 计算表达式 2，判断循环条件是否成立；

• 当表达式 2 成立时（非 0），转③；

- 当表达式 2 不成立时(0),转⑤;

③ 执行循环体语句;

④ 计算表达式 3,循环变量增值,返回②;

⑤ 结束循环。

(3) 几点说明。

① 表达式 1 可以省略,但分号不能省略;

② 若表达式 2 省略,则循环条件永远为真;

③ 表达式 3 也可以省略,但应设法保证循环正常结束;

例如:

```
for (i=1; i<=100; )
{sum=sum+i;  i++; }
```

④ 3 个表达式都可以省略;

"for (;;)"语句相当于"while (1)"语句;

⑤ 表达式 1 和表达式 3 可以是逗号表达式;

例如:

```
for(i=0, j=100; i<=j; i++, j--)    k=i+j;
```

⑥ 表达式 2 一般为关系表达式或逻辑表达式,但也可以是数值表达式或字符表达式,只要其值为非 0,就执行循环体。

例如:

```
for (i=0; (c=getchar( ))!= '\n';i++)
    putchar(c);
```

【例 4.16】 印度有一个古老的传说:舍罕王打算奖赏国际象棋的发明人——宰相达依尔。国王问他想要什么,他对国王说:"陛下,请您在这张棋盘的第 1 个小格里赏给我 1 粒麦子,在第 2 个小格里给 2 粒,第 3 个小格里给 4 粒,像这样,后面一格里的麦粒数量总是前面一格里的麦粒数的 2 倍。请您把这样摆满棋盘上 64 格的麦粒都赏给您的仆人吧!"国王觉得这个要求太容易满足了,于是令人扛来一袋麦子,可很快就用完了。当人们把一袋一袋的麦子搬来开始计数时,国王才发现:就算把全印度的麦粒全拿来,也满足不了那位宰相的要求。那么,宰相要求得到的麦粒到底有多少呢?请编写程序计算宰相要求得到的麦粒数为多少。

【分析】 根据题意,第 1 格放麦粒 2^0 粒,第 2 格放麦粒 2^1 粒,第 3 格放麦粒 2^2 粒,以此类推,第 64 格放麦粒 2^{63} 粒。假设 64 个格子里的麦粒数为 s,则

$$s=2^0+2^1+2^2+2^3+\cdots+2^{63}$$

算法描述如下:

(1) 定义 s 存放和,t 表示每一项,设初值 s=0,t=1。

(2) 已知相加 64 次,可以使用 for 语句,累加使用"s=s+t;"或"s+=t;"语句。

（3）每项可递推计算，"t＝t＊2;"或"t＊＝2;"。

程序如下：

```
#include "stdio.h"
int main()
{   int  i;
    float   s=0,t=1;
    for ( i=1;i<=64;i++ )
    {   s=s+t;
        t=t*2;
    }
    printf("s=%e\n",s);
}
```

运行结果：

```
s=1.84467e+19
```

从程序的运行结果可以看出，最后得到的麦粒数值庞大。这个故事告诉我们不能小看积少成多的力量，如果每天努力一点点，就会积少成多；如果每天懒惰一点点，就会差之千里，我们要认真体会"不积跬步，无以至千里；不积小流，无以成江海"的道理。

【例 4.17】 求 1!＋2!＋3!＋…＋20!。

【分析】 求 1 到 20 的阶乘和，优先选择 for 语句，让 i 从 1 变到 20，然后将 i!加到和 s 中，如果用 t 表示 i!，则 t 可通过前一项(i－1)!乘以 i 递推地求出。程序如下：

```
#include "stdio.h"
int  main()
{   double s=0, t=1;
    int i;
    for (i=1;i<=20;i++ )
      {   t=t*i;
          s=s+t;
      }
    printf("%e\n",s);
}
```

运行结果：

```
2.56133e+18
```

【说明】 如果不递推地求出程序中的 t＝i!，也可对每个 i 单独求出 i!，程序如下：

```
#include "stdio.h"
int main( )
{   double s=0, t;
```

```
    int i,j;
    for (i=1;i<=20;i++)
      {
          t=1;                              /* t=1 必须在两重循环之间,否则得不到正确结果 */
          for(j=1;j<=i;j++)
              t=t*j;
          s=s+t;
      }
    printf("%e\n",s);
}
```

运行结果:

2.56133e+18

【说明】　程序单独使用一个 for 语句求出 i!,在一个 for 语句中又完整地包含另一个 for 语句,这样的结构称为循环嵌套。3 种循环语句可以互相嵌套。

【例 4.18】　打印如下所示的九九乘法表。

【分析】

(1) 首先,考虑如何打印第 1 行,只要用一个简单的循环即可完成。

(2) 其次,考虑如何打印 9 行,打印 9 行需要做 9 次循环,因此需要使用循环嵌套。

```
1    2    3    4    5    6    7    8    9
-------------------------------------------------
1    2    3    4    5    6    7    8    9
2    4    6    8   10   12   14   16   18
3    6    9   12   15   18   21   24   27
4    8   12   16   20   24   28   32   36
5   10   15   20   25   30   35   40   45
6   12   18   24   30   36   42   48   54
7   14   21   28   35   42   49   56   63
8   16   24   32   40   48   56   64   72
9   18   27   36   45   54   63   72   81
```

程序如下:

```
#include "stdio.h"
int main()
{   int i,j;
    for(i=1;i<10;i++)
        printf("%4d",i);              /* 打印表头 */
    printf("\n");
    for(i=1;i<10;i++)
        printf("----");               /* 打印分隔线,因为每个数占 4 列,所以用 4 个 - */
```

```
      printf("\n");
      for(i=1;i<=9;i++)                /*控制打印9行*/
      {   for(j=1;j<=9;j++)            /*控制打印9列*/
              printf("%4d",i*j);       /*打印第i行和第j列的数,占4列*/
          printf("\n");                /*打印一行之后,必须换行*/
      }
  }
```

若打印直角三角形的九九乘法表,则应该如何修改上述程序?

4.3.4　break 语句和 continue 语句

1. break 语句

break 语句用来从循环体内跳出循环结构,即提前结束循环,接着执行循环结构下面的语句;break 语句只能用于循环语句和 switch 语句中。

2. continue 语句

continue 语句用来结束本次循环,即跳过循环体中尚未执行的语句,接着执行对循环条件的判断。break 语句和 continue 语句的区别是:

(1) continue 语句只会结束本次循环,不会终止整个循环的执行;

(2) break 语句会终止整个循环的执行,不再进行条件判断。

【例 4.19】　分析下列程序的运行过程,体会 break 语句和 continue 语句的区别和用法。

```
#include "stdio.h"
int main()
{   int i;
    for(i=1;i<=100;i++)
      {   if(i==10)  break;
          if(i%2==0)  continue;
          printf("%5d",i);
      }
}
```

运行结果:

```
1    3    5    7    9
```

【例 4.20】　判断一个整数是否为素数。

【分析】　(1) 素数是指除了 1 和自身之外没有其他因子的数。换句话说,只要有因子(除了 1 和自身之外),则该数一定不是素数。

(2) 判断 m 是否为素数的简单方法是看从 2 到 m−1 的数中有没有一个数 n 能整除 m,如果找到一个能整除 m 的数 n,则 m 不是素数;如果 n 从 2 到 m−1 都不能整除 m,则

m 是素数。

（3）在 n 从 2 到 m－1 的循环中，如果条件 m％n＝＝0 成立，则说明 m 不是素数，循环就不用再进行下去了，此时可以使用 break 语句结束循环，最后根据循环是正常结束的还是用 break 语句提前结束的判断 m 是否是素数。

程序如下：

```
#include "stdio.h"
int main()
{   int m,n;
    scanf("%d",&m);
    for(n=2;n<=m-1;n++)
        if(m%n==0) break;
    if(n==m)  printf("%d is a prime",m);
    else     printf("%d is not a prime",m);
}
```

运行结果：

```
13
13 is a prime
```

也可以使用标志变量的方法判断素数，规定 m 是素数用 1 表示，m 不是素数用 0 表示，先给标志变量赋值为 1，在循环的过程中，如果发现 m 不是素数，就将标志变量赋值为 0，最后根据标志变量的值判断 m 是否为素数。

程序如下：

```
#include "stdio.h"
int main()
{   int k=1,n,m;
    scanf("%d",&m);
    for(n=2;n<m;n++)
        if(m%n==0) k=0;
    if(k==1)printf("%d is a prime\n",m);
    else printf("%d is not a prime\n",m);
}
```

运行结果：

```
13
13 is a prime
```

【说明】　为减少循环次数，循环体语句也可以改为

```
if(m%n==0) {k=0;break;}
```

4.4　常用算法举例

1. 迭代

迭代是一个不断用新值取代旧值,或由旧值递推得出新值的过程。

【例 4.21】　求 Fibonacci 数列 $1,1,2,3,5,8,\cdots$ 的前 24 个数。

【分析】　Fibonacci 数列的规律是第 1 项和第 2 项都是 1,从第 3 项开始,每项都是前两项的和,算法如图 4.8 所示。

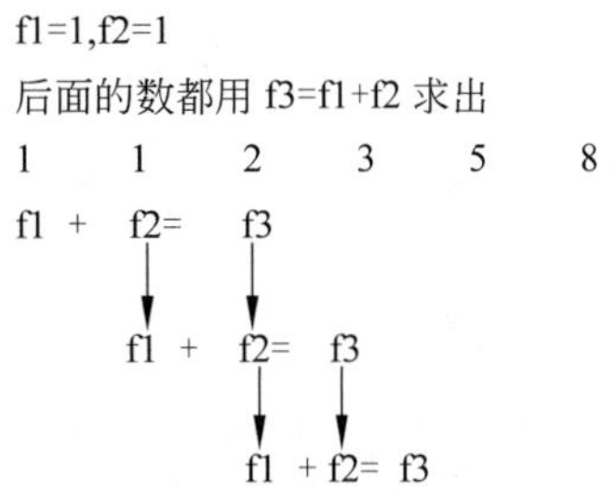

程序如下:

```
#include "stdio.h"
int main()
{   long f1,f2,f3;
    int i;
    f1=1; f2=1;                          /* 赋初值 */
    printf("%12ld%12ld",f1,f2);
    for( i=3; i<=24; i++)
      {   f3=f1+f2;
          printf("%12ld",f3);
          f1=f2;
          f2=f3;
          if(i%4==0)  printf("\n"); /* 控制每行输出 4 个数 */
      }
}
```

f1=1,f2=1
后面的数都用 f3=f1+f2 求出

$$1 \quad 1 \quad 2 \quad 3 \quad 5 \quad 8$$
f1 + f2= f3
　　　　f1 + f2= f3
　　　　　　f1 + f2= f3

图 4.8　Fibonacci 数列的规律图示

运行结果:

1	1	2	3
5	8	13	21
34	55	89	144
233	377	610	987
1597	2584	4181	6765
10946	17711	28657	46368

【例 4.22】　输出 Fibonacci 数列,直到大于 50000 为止。

程序如下:

```
#include "stdio.h"
int main()
{   long int f1,f2,f3;
    int i=2;
    f1=1; f2=1;
    printf("%12ld%12ld",f1,f2);
```

```
      do
      {   f3=f1+f2;
          printf("%12ld",f3);
          f1=f2;   f2=f3;
          i++;
          if(i%5==0)  printf("\n");
      }while(f3<=50000);             /* 要求直到大于 50000 为止,即当 f3<=50000 时做循环 */
}
```

运行结果:

1	1	2	3	5
8	13	21	34	55
89	144	233	377	610
987	1597	2584	4181	6765
10946	17711	28657	46368	75025

【例 4.23】 Fibonacci 数列有一个很特殊的性质,即其前一项与后一项的比值趋近于一个常数。编程求出这个常数的近似值,误差要求为 10^{-5}。

【分析】 误差用前后两次计算结果的差的绝对值控制,即只要前后两次计算结果的差的绝对值小于 10^{-5},就取最后一次的计算结果作为近似值。

程序如下:

```
#include "math.h"
#include "stdio.h"
int main()
{   float f1,f2,f3,t1,t2;
    f1=1; f2=1;
    do
      {   t1=f1/f2;
          f3=f1+f2;
          f1=f2;
          f2=f3;
          t2=f1/f2;
      }while(fabs(t1-t2)>=1e-5);
    printf("%f\n",t2);
}
```

运行结果:

```
0.618033
```

2. 穷举

穷举是程序设计中的另一种常用算法,它的基本思想是试遍所有可能的情况。

【例 4.24】 输出所有的水仙花数。水仙花数是指一个 3 位数,它的各位数字的立方和等于这个数字本身,例如,$153=1^3+5^3+3^3$。

【分析】 3 位数的范围是 100～999,对这个范围内的每个数都判断其是不是水仙花数。求一个 3 位数 m 的各位数字可以用下面的方法。

- 个位:k1=m％10。
- 十位:k2=m/10％10。
- 百位:k3=m/100。

程序如下:

```
#include "stdio.h"
int main()
{   int m,k1,k2,k3;
    for(m=100;m<=999;m++)
      { k1=m%10;
        k2=m/10%10;
        k3=m/100;
        if(m==k1*k1*k1+k2*k2*k2+k3*k3*k3)   printf("%5d",m);
      }
}
```

运行结果:

```
153  370  371  407
```

【说明】

(1) 此程序也可以用三重循环完成,对个位从 0 到 9、十位从 0 到 9、百位从 1 到 9 试遍所有可能。

(2) 这里用到了程序设计中常用的数字分离算法,即将一个整数的各位数字分离出来,对于未知位数的整数的数字分离,可以用 while 或 do-while 循环完成。

【例 4.25】 输出 1～1000 的全部同构数。同构数是指等于它的平方数的右端的数,例如 5 出现在它的平方数 25 的右端,76 出现在它的平方数 5776 的右端,因此 5 和 76 都是同构数。

【分析】

(1) 判断 m 是否是同构数的方法:

- 如果 m 是 1 位数,则取其平方数的右端 1 位,即判断 m*m％10==m 是否成立;
- 如果 m 是 2 位数,则取其平方数的右端 2 位,即判断 m*m％100==m 是否成立;
- 如果 m 是 3 位数,则取其平方数的右端 3 位,即判断 m*m％1000==m 是否成立。

(2) 对于任意 m(介于 1～1000),需要先求出其位数 n,再用其平方数对 10^n 求余。求 m 的位数 n 的方法是其在除以几次 10 之后变成 0,它就是几位数。

程序如下：

```c
#include "math.h"
#include "stdio.h"
int main()
{   int n,m,k;
    long i;                        /* 3 位数的平方会超过 int 的表示范围 */
    for(i=1;i<=1000;i++)
    {   m=i;n=0;k=1;               /* 求位数时会把 m 变成 0,所以不能用 i 直接做循环 */
        do
        {   m=m/10;
            n++;
            k=k*10;
        } while(m!=0);
        if(i==i*i%k) printf("%5d",i);
    }
    printf("\n");
}
```

运行结果：

```
1    5    6   25   76  376  625
```

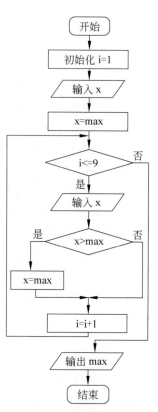

图 4.9   求 10 个数的最大值
的流程图

【例 4.26】 输入 10 个数,求其中的最大值。

【分析】 求最大值可以采用类似于打擂的算法。

(1) 输入一个数 x,将其作为擂主,即它是当前的最大值 max,max＝x。

(2) 依次输入剩下的 9 个数 x,每输入一个 x,就打擂一次,即和最大值比较一次,如果打赢(x＞max),则这个 x 就是新的擂主,即最大值。

(3) 输出最大值 max。

算法的流程图如图 4.9 所示。

程序如下：

```c
#include "stdio.h"
int main()
{   int i=1,x,max;
    scanf("%d",&x);
    max=x;
    for(i=1;i<=9;i++)
    {   scanf("%d",&x);
        if(x>max) max=x;
    }
    printf("max=%d\n",max);
}
```

运行结果：

```
3 4 56 6 7 78 65 6 43 2
max=78
```

【例 4.27】　将可打印的 ASCII 码值以列表形式打印,每行显示 12 个字符项。

【分析】　在 ASCII 码表中,只有 ASCII 为 32～126 的字符为可显示字符,其余均为控制字符,显示字符及其对应的 ASCII 码值只要分别用%c 格式和%d 格式控制输出即可。

程序如下:

```c
#include "stdio.h"
int main()
{   int i;
    for(i=32;i<=126;i++)
    {
        printf(" %c=%3d ",i,i);                /*输出字符及其对应的 ASCII 码值*/
        if((i-31)%12==0) printf("\n");    /*每行输出 12 个字符项*/
    }
}
```

运行结果:

```
  = 32 != 33 "= 34 #= 35 $= 36 %= 37 &= 38 '= 39 (= 40 )= 41 *= 42 += 43
,= 44 -= 45 .= 46 /= 47 0= 48 1= 49 2= 50 3= 51 4= 52 5= 53 6= 54 7= 55
8= 56 9= 57 := 58 ;= 59 <= 60 == 61 >= 62 ?= 63 @= 64 A= 65 B= 66 C= 67
D= 68 E= 69 F= 70 G= 71 H= 72 I= 73 J= 74 K= 75 L= 76 M= 77 N= 78 O= 79
P= 80 Q= 81 R= 82 S= 83 T= 84 U= 85 V= 86 W= 87 X= 88 Y= 89 Z= 90 [= 91
\= 92 ]= 93 ^= 94 _= 95 `= 96 a= 97 b= 98 c= 99 d=100 e=101 f=102 g=103
h=104 i=105 j=106 k=107 l=108 m=109 n=110 o=111 p=112 q=113 r=114 s=115
t=116 u=117 v=118 w=119 x=120 y=121 z=122 {=123 |=124 }=125 ~=126
```

【例 4.28】　打印如图 4.10 所示的由"*"组成的图形。

【分析】　打印图形的一般步骤如下。

(1) 确定打印的行数,有几行就写几次 for 循环。

(2) 每行的打印分三步:

① 打印若干空格;

② 打印若干"*";

③ 换行。

```
        *
       ***
      *****
     *******
    *********
```

图 4.10　打印图形

行数、空格数和"*"数之间的关系需要分析,见表 4.1。

表 4.1　图形规律

第 i 行	空 格 数	"*"数
1	4	1
2	3	3
3	2	5

第 i 行	空 格 数	"＊"数
4	1	7
5	0	9
i	5－i	2＊i－1

程序如下：

```
#include "stdio.h"
int main()
{   int i,j;
    for(i=1;i<=5;i++)                    /* 打印 5 行 */
    {   for(j=1;j<=5-i;j++)              /* 打印 5-i 个空格 */
            printf(" ");
        for(j=1;j<=2*i-1;j++)           /* 打印 2i-1 个 * 号 */
            printf(" * ");
        printf("\n");                    /* 换行 */
    }
}
```

【思考】 打印菱形、平行四边形或直角三角形应如何编程。

4.5 小   结

结构化程序的 3 种基本结构为顺序结构、选择结构和循环结构,选择结构主要由 if 语句和 switch 语句实现;循环结构主要由 for 语句、while 语句和 do-while 语句实现。

if 语句后面的表达式通常是逻辑表达式或关系表达式,但语法上这个表达式可以是任意类型的。在使用嵌套的 if 语句时,要注意 if 和 else 的配对关系。

switch 语句用来实现多分支结构,使用 switch 语句的关键是设计 switch 后面的表达式,使其值能根据不同条件相应地取值为有限的几个常量。例如成绩分段时,将成绩除以 10 后取整,就将原来的 101 个可能的取值减少到了 11 个。

循环结构是程序设计中非常重要的一种基本结构,主要通过 3 种循环语句实现循环结构,即 while、do-while 和 for 语句。

(1) while 和 do-while 循环的循环体中应包含使循环趋于结束的语句,例如求 1 到 100 的和中的 i++。

(2) for 循环可以在表达式 3 中包含使循环趋于结束的语句,甚至可以将循环体中的操作全部放到表达式 3 中,因此 for 语句的功能更强大,完全可以代替 while 循环。

(3) 使用 while 和 do-while 循环时,循环变量初始化的操作应在 while 和 do-while 语句之前完成,而 for 语句可在表达式 1 中给出。

(4) while 和 for 循环均是先判断表达式,后执行语句,而 do-while 循环则是先执行语句,后判断表达式,因此 do-while 语句的循环体至少会被执行一次,而 while 和 for 语句的循环体则可能一次都不被执行。

(5) 对于 while、do-while 和 for 循环,可以用 break 语句跳出循环,用 continue 语句结束本次循环。

(6) 3 种循环可以互相嵌套,但要保证一个循环完整地包含在另一个循环中,不能交叉。

本章涉及的常用算法有很多,包括求累加和、累乘积、最大公约数,判断素数、水仙花数、同构数,数字分离,求 Fibonacci 数列、最大(小)值和图形打印等,请读者认真阅读并领会例题的程序设计思路,并考虑如何拓展思路、改进程序,做到熟练应用各种控制语句。

习　题　4

一、选择题

1. 以下 while 循环中,循环体的执行次数是_____。

```
k=1;
while(--k) k=10;
```

 A. 10 次   B. 无限次   C. 一次也不执行   D. 1 次

2. 若有以下程序段,其中,n 为整型变量:

```
n=2;
while(n--); printf("%d ",n);
```

则输出为_____。

 A. 2   B. 1 0   C. −1   D. 0

3. 若变量已正确定义,则不能正确计算 1+2+3+4+5 的程序段是_____。
 A. i=1;s=1; do {s=s+i;i++;} while (i<5);
 B. i=0;s=0; do{i++;s=s+i;} while(i<5);
 C. i=1;s=0; do{ s=s+i;i++;}while(i<6);
 D. i=1;s=0; do {s=s+i;i++;} while(i<=5);

4. 有以下程序段,其中,x 为整型变量:

```
x=-1;do {;}while(x++); printf("x=%d",x);
```

以下选项中叙述正确的是_____。
 A. 该循环没有循环体,程序错误   B. 输出:x=1
 C. 输出:x=0   D. 输出:x=−1

5. 执行以下程序段后,i 的值为_____。

```
int i=10;
switch(i)
```

```
{
    case 9:i+=1;
    case 10:i+=1;
    case 11:i+=1;
    default:i+=1;
}
```

A. 14 B. 11 C. 12 D. 13

二、阅读程序,写出运行结果

1.

```
#include "stdio.h"
int main()
{   int i,s=0;
    for(i=1;i<=100;i++)
    {   if(i%10!=0) continue;
        s=s+i;
    }
    printf("i=%d,s=%d\n",i,s);
}
```

2.

```
#include "stdio.h"
int main()
{   int i,s=0;
    for(i=1;i<=100;i++)
    {   s=s+i;
        if(i==10)break;
    }
    printf("i=%d,s=%d\n",i,s);
}
```

3.

```
#include "stdio.h"
int main()
{   int i,j,k;
    char space=' ';
    for (i=0;i<=5;i++)
    {   for (j=1;j<=i;j++)
            printf("%c",space);
        for (k=0;k<=5;k++)
            printf("%c",'*');
        printf("\n");
```

```
        }
    }
}
```

4.

```
#include "stdio.h"
int main()
{   int a,b,c;
    a=2;b=3;c=1;
    if(a>b)
    if(a>c)
    printf("%d\n",a);
    else printf("%d\n",b);
    printf("end\n");
}
```

三、编程题

1. 求 1 到 100 的奇数和及偶数积。

2. 使用公式 $\dfrac{\pi}{4}=1-\dfrac{1}{3}+\dfrac{1}{5}-\dfrac{1}{7}+\cdots$ 求 π 的值，要求最后一项的绝对值小于 10^{-5}。

3. 使用牛顿迭代公式 $x_{k+1}=\dfrac{1}{2}\left(x_k+\dfrac{a}{x_k}\right)$ 可以求出 $\sqrt{a}$，试求 1 到 10 的算术平方根，要求误差不超过 0.00001。

4. 从键盘输入若干正整数，以 -1 作为终止标记，求这些数中各位数字之和大于 8 的所有数的平均值。

5. 输入一个整数 m，求不超过 m 的最大的 5 个素数。

6. 输出形状为直角三角形的九九乘法表。

7. 求从键盘输入的 10 个数中的最大偶数。

8. 根据分段函数的表达式输入一个 x 值，输出对应的 y 值。

$$y=\begin{cases}\dfrac{1}{2}\mathrm{e}^x+\sin x, & x>1 \\[2mm] \sqrt{2x+5}, & -1<x\leqslant 1 \\[2mm] |x-3|, & x\leqslant -1\end{cases}$$

9. 输入 1～7 中的任意一个数字，输出对应星期的英文单词。

10. 从键盘输入 30 个学生的成绩，统计各分数段的人数。

11. 求若干学生的平均成绩、最高成绩和最低成绩，以 -1 作为终止标记。

第 5 章

数　组

本章重点

- 一维数组的定义和引用,顺序排序,选择排序,求一组数中的极值及其位置,逆序存放一组数等常用算法。
- 二维数组的定义、引用和输出,二维数组中元素的表示,二维数组的填充、方阵的转置等常用算法。
- 字符数组和字符串处理函数,不使用字符串处理函数求字符串的有效长度、复制字符串、连接两个字符串、删除字符串中的某种字符等常用算法。

5.1　数组的概念

数组通常用来存放成批的类型相同的数据,数组属于构造数据类型。

5.1.1　引例

【例 5.1】　输入 30 个学生的成绩,求高于平均成绩的人数。

【分析】　按照简单变量和循环结构的方法,求平均成绩的程序如下:

```
#include "stdio.h"
int main()
{   int i,x;
    float s=0,ave;
    for(i=1;i<=30;i++)
    {   scanf("%d",&x);
        s+=x;
    }
    ave=s/30;
    printf("aver=%f\n",ave);
}
```

【说明】

若按这个程序的写法统计高于平均分的人数,则无法实现,因为存放学生成绩的变

量一直使用 x,而 x 是简单变量,只能存放一个学生的成绩,在循环体内输入一个学生的
成绩后,就会把前一个学生的成绩覆盖掉。因此,若求完平均成绩后再求高于平均成绩
的人数,则必须重新输入这 30 个学生的成绩,不但带来了重复工作,还有可能出现两次
输入的成绩不一致的情况,导致统计结果错误。

　　解决以上问题的方法是：30 个学生的成绩必须有 30 个独立的存放空间,而定义 30
个简单变量的方法会使程序难以处理和推广,所以正确的方法是定义一个数组,使其包
含 30 个元素,用来存放 30 个学生的成绩。定义数组时需要指明数组的名字、元素个数
和数据类型。一个数组中的所有元素必须都是同一数据类型。

　　那么,表示 30 个学生的成绩的数组可以定义如下：

```
int x[30];
```

这里的 x 表示数组名,方括号内的 30 表示数组元素的个数,下标为从 0 到 29,即
x[0],x[1],…,x[29],int 表示数组中的所有元素都是整型。求高于平均分的人数的程
序如下：

```
#include "stdio.h"
int main()
{   int i,x[30],k=0;
    float s=0,ave;
    for(i=0;i<30;i++)
    {   scanf("%d",&x[i]);
        s+=x[i];
    }
    ave=s/30;
    printf("ave=%f\n",ave);
    for(i=0;i<30;i++)
      if(x[i]>ave) k++;
      printf("num=%d\n",k);
}
```

运行结果：

```
67 68 89 90 75 83 71 56 78 96 49 88 66 65 91 90 56 77 79 91 85 74 81 59 60 69 68 90 98 768
ave=76.166664
num=15
```

对于类型相同且数据量较大的数据,采用数组处理更加便捷。而变量和数组如同生
活中的个体与集体的关系,小到个人,大到国家,我们每个人都是集体中的一分子,只有
每个人都积极发挥自己的能力,国家才能爆发出无穷的力量,任何一个集体的成功都离
不开每个个体的奉献。

5.1.2　数组的概念

　　数组是相同类型的数据组成的序列,用一个共同的名字表示,数组中数的顺序可以

由它的下标表示。有一个下标的数组称为一维数组,有两个下标的数组称为二维数组;C语言用字符数组表示字符串。

数组在内存中占据一片连续的存储单元。若有定义

```
int a[10];
```

则表示数组 a 中包括 10 个元素,分别为 a[0]~a[9]。这 10 个元素在内存中是连续存放的,如图 5.1 所示,只要找到 a[0],后面的元素地址就可以计算出来。C 语言中,数组名代表数组的首地址,即 a[0] 的地址。

图 5.1　数组 a 的存储分配

C 语言中,数组的下标从 0 开始,例如定义 int a[10] 时,最大可用下标为 9,C 语言编译器不对下标越界进行检查,因此程序员必须自己保证下标引用的正确。

5.2　一　维　数　组

5.2.1　一维数组的定义和引用

1. 一维数组的定义

数组必须先定义、后使用,定义一维数组的一般形式为

类型标识符　数组名 [数组大小]

例如:

```
int x[100],z[10];
float a[20];
```

一般形式中,"[ ]"内的"数组大小"表示数组中元素的个数,也称数组长度,它必须是整型常量表达式,不可以包含变量。例如,"int n=10; int a[n];"是不合法的。

2. 一维数组元素的引用

一维数组元素引用的一般形式为

数组名 [下标]

此处"[]"内的"下标"必须是整型表达式,可以只是一个常量、变量,也可以是表达式。例如 a[1]、a[i]、a[9−i](i 为整型)都是合法的数组元素引用,数组元素称为下标变量。

5.2.2　一维数组元素的赋值

1. 初始化

数组在定义之后,若不给其赋值,则其值是无法预料的不确定值,可以使数组在程序运行之前初始化,即在编译期间使之得到初值。

对数组元素的初始化可以用以下方法实现。

(1) 在定义数组时,对数组元素赋初值。

例如:

```
int  a[10]={0,1,2,3,4,5,6,7,8,9};
```

(2) 只给一部分元素赋值。

例如:

```
int  a[10]={0,1,2,3,4};
```

表示只给前 5 个元素赋初值,后 5 个元素自动赋 0 值。

(3) 若对 static 数组不赋初值,则系统会对所有元素自动赋 0 值。

如果想使数组 a 中的全部元素值为 0,则可以这样定义数组:

"static int　a[5];"等价于"int a[5]={0};"。

(4) 在对全部数组元素赋初值时,可以不指定数组长度。

例如:

```
int a[]={0,1,2,3,4,5,6,7,8,9};
```

和下面的写法是等价的:

```
int a[10]={0,1,2,3,4,5,6,7,8,9};
```

2. 数组元素的输入

数组元素的处理是和循环分不开的,输入和输出都需要结合循环结构进行。如例 5.1 中的第 4 行和第 5 行就是用循环输入数组中的所有元素的。

3. 数组元素的赋值

如果数组中待赋的数组元素的值是有规律的,那么可以使用循环语句直接给数组元素赋值,不必一个一个地输入。

【例 5.2】　数组元素的赋值。

程序如下:

```
#include "stdio.h"
int main()
{   int i,a[10];
```

```
    for(i=0;i<10;i++)
        a[i]=i+1;
    for(i=0;i<10;i++)
        printf("%5d",a[i]);
}
```

运行结果：

```
1   2   3   4   5   6   7   8   9   10
```

4. 产生随机数

如果不要求数组中的数是有规律的,则可以用随机函数产生一组随机数并赋值给数组中的元素,产生随机数的函数为 rand,包含在 stdlib.h 头文件中。使用时,需要在主函数之前使用文件包含命令 ♯include "stdlib.h" 或 ♯include ＜stdlib.h＞,该函数的一般形式为 rand()。

5.2.3 一维数组常用算法举例

【例 5.3】 求 10 个数中的最大值和最小值。

【分析】 求极值的算法在第 4 章的循环部分已经介绍过,那时是使用简单变量完成的,现在用数组完成,请读者体会一下使用数组的方便之处。

程序如下：

```
#include "stdio.h"
int main()
{   int i,a[10],min,max;
    for(i=0;i<=9;i++)
        scanf("%d",&a[i]);
    max=min=a[0];
    for(i=1;i<10;i++)
    {   if(a[i]<min)  min=a[i];
        if(a[i]>max)  max=a[i];
    }
    printf("max=%d,min=%d\n", max,min);
}
```

运行结果：

```
34 56 78 31 46 79 12 34 57 22
max=79,min=12
```

【例 5.4】 求 10 个数中的最小值及其位置,并将其换到第 1 个数的位置。

【分析】 当待处理的数据涉及顺序、位置等关系时,用数组存放数据比较方便。找最小值及其位置的算法如下,对应的结构化流程图如图 5.2 所示。

(1) 定义一个包含 10 个整型元素的一维数组,即 int a[10];,然后输入 10 个数。

（2）找最小值及其位置。

① 用 k 表示最小值的下标（位置），则 a[k]就表示最小值，设 k 的初值为 0，即首先假设 a[0]最小。

② 找最小值：数组中从 a[1]到 a[9]的每个数都和最小值 a[k]比较，如果有某个 a[i]＜a[k]，则表示 a[i]为当前最小值，需要将 i 的值赋给 k。循环完成之后，a[k]就是找到的最小值，k 表示最小值的位置。

（3）将 a[k]和 a[0]互换。

程序如下：

```c
#include "stdio.h"
int main()
{   int i,t,a[10],k;
    for(i=0;i<=9;i++)
        scanf("%d",&a[i]);
    k=0;
    for(i=1;i<10;i++)
        if(a[i]<a[k])   k=i;
    if(k!=0)            /* 如果 k 为 0 就不用换了 */
      {t=a[0]; a[0]=a[k]; a[k]=t;}
    printf("min number is:%d\n",a[0]);
    printf("the position is:%d\n", k);
}
```

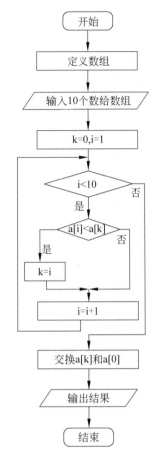

图 5.2　求最小值并将其换到第 1 个数的位置

【说明】　这个程序完成的是从 10 个数中找到最小值，然后将其换到 a[0]的位置，按照同样的做法，可以从 a[1]到 a[9]这 9 个数中找到最小值并将其换到 a[1]的位置，再从 a[2]到 a[9]中找到最小值并将其换到 a[2]的位置，以此类推，最后从 a[8]到 a[9]中找到最小值换到 a[8]的位置，剩下的 a[9]就是这 10 个数中的最大值。这样做完之后，就完成了将 10 个数按照由小到大的顺序排序。这种排序的方法称为选择排序法。简单地说，选择排序法就是重复 9 次求最小值并将其换到相应位置的操作。对 n 个数进行排序的算法描述如下。

（1）产生数组。

（2）对 i＝0,1,…,n−1 做

① k＝i;

② 对 j＝i+1,…,n 做

如果 a[j]＜a[k]，则 k＝j;

③ 交换 a[k]和 a[i]。

【例 5.5】　将一维数组中的 n(n≤50)个数按逆序存放。

【分析】　当处理的数据个数 n 不确定时，可以先定义一个足够大的数组，然后输入 n，最后输入 n 个数。逆序存放数组可以采用图 5.3 所示的方法。

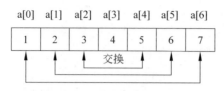

图 5.3 逆序存放数组的方法

当 n＝7 时，a[0]和 a[6]交换，a[1]和 a[5]交换，a[2]和 a[4]，a[3]不变或自己和自己交换。进行循环时，i 从 0 循环到(n－1)/2，a[i]和 a[n－1－i]交换。

程序如下：

```
#include "stdio.h"
int main()
{   int a[50],t,n,i;
    scanf("%d",&n);                    /* 输入元素个数 n */
    for (i=0;i<n;i++)
        {   scanf("%d",&a[i]);          /* 输入 n 个数 */
            printf("%5d",a[i]);}
    printf("\n");
    for (i=0;i<=(n-1)/2;i++)
        {   t=a[i];
            a[i]=a[n-1-i];
            a[n-1-i]=t;
        }
    for(i=0;i<n;i++)
    printf("%5d",a[i]);
}
```

运行结果：

```
7 1 2 3 4 5 6 7
    1    2    3    4    5    6    7
    7    6    5    4    3    2    1
```

【例 5.6】 用二分查找法查找一个数是否在一个有序数组中。

【分析】 二分查找法也称折半查找法，用来在一组数中查找是否存在某个已知的数，前提条件是这组数必须是有序的，即这组数是按升序或降序排序的。设数组 a 中的 n 个数是按升序排序的，查找 key 是否在数组 a 中的算法如下。

(1) 设开始查找的范围为整个数组，则下标为从 0 到 n－1，用 low 和 high 表示查找范围的端点，即 low＝0，high＝n－1。

(2) 取查找范围的中点 mid＝(low＋high)/2。

(3) 将待查找的数 key 和中间的数 a[mid]进行比较，如果 key＝a[mid]，则表示找到了，输出 key 在数组中的位置 mid，结束循环；如果 key＜a[mid]，则表示 key 一定在数组前半部分，即可把查找范围缩小一半，可将查找范围的右端点变为中间元素的前面一个元素的位置,即 high＝mid－1。如果 key＞a[mid],则表示 key 一定在数组的后半部分,可将 low 变为 mid＋1,然后在新的范围内用同样的方法继续查找,直到 low＞high 为止。如果待查找的数不在数组中,则输出没有找到的信息。流程图如图 5.4 所示。

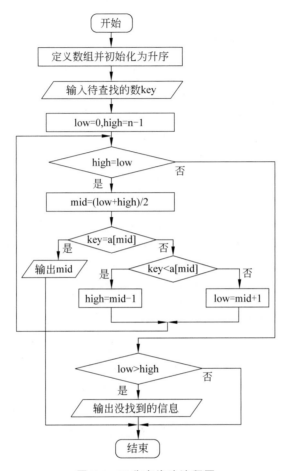

图 5.4　二分查找法流程图

程序如下:

```
#include "stdio.h"
int main()
{   int n=12,a[]={1,3,5,7,9,12,15,19,24,27,38,66},key,mid,low,high;
    printf("input the number:\n");
    scanf("%d",&key);
    low=0,high=n-1;
    while(low<=high)
    {   mid=(low+high)/2;
        if(key==a[mid])
        {   printf("%d\n",mid);
            break;
        }
```

```
        else if(key<a[mid])
            high=mid-1;
        else low=mid+1;
    }
    if(low>high)
    printf("not found\n");
}
```

运行结果：

```
input the number:
35
not found
input the number:
27
9
```

使用一维数组还可以处理很多事情，例如在成绩处理中求全班学生的平均分、最高分、最低分，排名次，查找是否存在某分数及某人，插入学生成绩，删除学生成绩等。如果需要处理一个学生的 4 门课的成绩，则可以定义一个包含 4 个元素的一维数组，而要想表示 30 个学生的 4 门课的成绩，就可以使用二维数组。

定义：

```
int a[30][4];
```

这里的 a[i] 表示第 i 个学生，a[i][0]、a[i][1]、a[i][2] 和 a[i][3] 分别表示第 i 个学生的 4 门课的成绩。

5.3 二 维 数 组

5.3.1 二维数组的定义

1. 二维数组的形式

二维数组的一般形式为

类型标识符 数组名 [整型常量表达式] [整型常量表达式]

"[]"内的"整型常量表达式"表示数组每维的大小或每维的元素个数。

例如，定义"int a[3][4]"，表示定义数组 a 包含 3 行 4 列，共 12 个元素，这 12 个元素在内存中占据一片连续的存储单元，存放的顺序是先行后列，即先放第 0 行，再放第 1 行，最后放第 2 行，如图 5.5 所示。

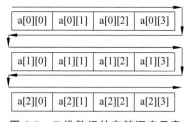

图 5.5　二维数组的存储顺序示意

图 5.5 中的每行都可以看成一个一维数组,3 个一维数组的名字分别为 a[0]、a[1]、a[2],每个一维数组中包含 4 个元素,即二维数组可以看成特殊的一维数组,特殊之处在于每个数组元素还是一个一维数组。

2. 二维数组的引用

二维数组的引用形式为

数组名 [下标] [下标]

注意:下标可以是整型表达式,但应在已定义的数组范围内,不能整体引用数组,只能一个元素一个元素地引用。

3. 多维数组的定义

多维数组的定义方式与二维数组类似。以下定义了两个三维数组:

```
int x[3][4][2];
float y[4][1][3];
```

5.3.2　二维数组的初始化

(1) 分行给二维数组赋初值。
例如:

```
int a[3][4]={{1,2,3,4},{5,6,7,8},{9,10,11,12}};
```

(2) 可以将所有数据写在花括号内,按数组排列的顺序为各元素赋初值。
例如:

```
int a[3][4]={1,2,3,4,5,6,7,8,9,10,11,12};赋值的结果和 1 中相同
```

(3) 可以为部分元素赋初值,对于没有赋值的元素,系统自动赋 0 值。
例如:

```
int a[3][4]={{1},{5},{9}};
int a[3][4]={{1},{0,6},{0,0,11}};
int a[3][4]={{1},{5,6}};
```

(4) 如果为全部元素赋初值,则定义数组时可以不指定第一维的长度,但不能省略第二维的长度。
例如:

```
int  a[3][3]={1,0,3,4,0,0,0,0,9}
int  a[ ][3]={1,0,3,4,0,0,0,0,9}
int  a[ ][3]={{1,0,3},{4},{0,0,9}}
```

5.3.3　二维数组常用算法举例

【例 5.7】　求一个班 5 名学生每人 3 门课的平均成绩。

【分析】　定义一个 5 行 3 列的二维数组,表示每个学生的各科成绩,分别固定每个学生所在的行不变,对各列元素求和,即可求出每个学生的总成绩,再除以 3 即可得到每个学生的平均成绩。

程序如下:

```c
#include "stdio.h"
int main()
{   int a[5][3]={{88,66,79},{83,78,81},{74,76,65},{90,88,92},{61,52,70}};
    int i,j;
    float s,ave;
    for(i=0;i<5;i++)                 /* 5个学生,所以进行 5 次循环 */
    {   s=0;
        for(j=0;j<3;j++)             /* 每个学生有 3 门课的成绩,所以进行 3 次循环 */
            s+=a[i][j];
        ave=s/3;                     /* 每个学生的平均成绩 */
        printf("No.%d average is %.2f\n",i+1,ave);
    }
}
```

运行结果:

```
No.1 average is 77.67
No.2 average is 80.67
No.3 average is 71.67
No.4 average is 90.00
No.5 average is 61.00
```

【例 5.8】　求一个班 5 名学生 3 门课的各科平均成绩。

【分析】　定义一个 5 行 3 列的二维数组,表示每个学生的各科成绩,分别固定某科(列)不动,对此列中的各行元素,即每个学生的该科成绩求和,即可求出该科的总成绩,除以人数即可得到该科的平均成绩。

程序如下:

```c
#include "stdio.h"
int main()
{   int a[5][3]={{88,66,79},{83,78,81},{74,76,65},{90,88,92},{61,52,70}};
    int i,j;
    float s,ave;
    for(j=0;j<3;j++)
    {   s=0;
        for(i=0;i<5;i++)
```

```
            s+=a[i][j];
        ave=s/5;
        printf("No.%d course average is %.2f\n",j+1,ave);
    }
}
```

运行结果：

```
No.1 course average is 79.20
No.2 course average is 72.00
No.3 course average is 77.40
```

根据类似的思路，可以分别求出每个学生的最高分、每科的最低分、按成绩排序等。

【例 5.9】　输出图 5.6 所示的杨辉三角形。

【分析】　二维数组中，行标和列标相等的元素所在的线称为主对角线，行标与列标的和为常数 n−1(n 为行数)的元素所在的线称为副对角线。图 5.6 中的规律可按主对角线确定。先将第 0 列和主对角线赋值为 1，中间的每项由前一行同一列的元素和前一行前一列的元素相加而得。只输出左下三角部分。

```
1
1  1
1  2  1
1  3  3  1
1  4  6  4  1
1  5  10 10  5  1
1  6  15 20 15  6  1
```

图 5.6　杨辉三角形

程序如下：

```
#include "stdio.h"
int main()
{   int a[7][7],i,j;
    for (i=0;i<7;i++)
    {   a[i][0]=1;                          /* 将第 0 列赋值为 1 */
        a[i][i]=1;                          /* 将主对角线赋值为 1 */
    }
    for(i=2;i<7;i++)
      for(j=1;j<i;j++)
        a[i][j]=a[i-1][j-1]+a[i-1][j];      /* 计算中间的元素值 */
    for(i=0;i<7;i++)
    {
      for(j=0;j<=i;j++)                      /* 只输出左下三角部分 */
          printf("%4d",a[i][j]);
      printf("\n");
    }
}
```

【例 5.10】　将一个 3 行 3 列的矩阵转置。

【分析】　转置是指原来的行变成列，原来的列变成行。具体实现时，以主对角线为轴，取矩阵的左下三角或右上三角的元素与其对称位置的元素进行交换。注意，只能取矩阵的一半，如果取矩阵的全部元素，则会变回原来的样子。

程序如下：

```
#include "stdio.h"
int main()
{   int a[3][3],i,j,t,k=1;
    for(i=0;i<3;i++)
      for(j=0;j<3;j++)
        a[i][j]=k++;                        /* 有规律地给数组赋值为 1,2,3,4,5,6,7,8,9 */
    printf("The oringnal array is:\n");
    for(i=0;i<3;i++)                         /* 下面 5 行程序段为输出原始矩阵 */
    {   for (j=0;j<3;j++)
          printf("%4d",a[i][j]);
        printf("\n");
    }
    for(i=0;i<3;i++)
      for(j=0;j<i;j++)                       /* 取矩阵的左下三角元素 */
        {t=a[i][j];a[i][j]=a[j][i];a[j][i]=t;}
                                            /* 实现对称位置元素的交换 */
    printf("The changed array is:\n");
    for(i=0;i<3;i++)
    {   for (j=0;j<3;j++)
            printf("%4d",a[i][j]);
        printf("\n");
    }
}
```

运行结果:

```
The oringnal array is:
    1    2    3
    4    5    6
    7    8    9
The changed array is:
    1    4    7
    2    5    8
    3    6    9
```

目前处理的都是数值型数组,有时实际问题会涉及字符型数据,例如处理一个班的学生的成绩,如果需要按总成绩进行降序排序,那么只能表示出成绩,没有对应的姓名,这个排序是没有意义的。要想表示姓名,就要用到字符数组,例如姓名为 liyong,则可定义一个一维字符数组以存放 liyong 这几个字符。可定义如下:

```
char name[7]= "liyong";
```

程序中使用 name 即可表示 liyong 这个字符串。

5.4　字　符　数　组

5.4.1　字符数组与字符串

1. 字符数组及其初始化

字符数组中数组元素的类型都是字符型,其定义的数据类型的说明符为 char,一维字符数组的定义及其初始化与其他一维数组的方法相同,例如:

```
char s1[5]={'C','h','i','n','a'};
char s2[]={'a','b','c','d','e'};
```

2. 字符串及其初始化

C 语言中,字符串常量是指用一对双撇号括起来的若干字符序列,例如"liyong"、"China"、"li123"都是字符串常量。

C 语言使用字符数组存放字符串,例如"liyong"在内存中的存储为

l	i	y	o	n	g	\0

字符串常量在内存中存储时,系统会自动添加一个字符串结束标志'\0',它是一个转义字符,表示 ASCII 码值为 0 的字符,意思是"空操作",即不产生任何动作。

字符串使用字符数组存放,但并不是所有的字符数组都是字符串,例如前面定义的 s1 和 s2 就不是字符串,因为它们没有字符串结束标志'\0'。因此,只有当字符数组中包含 '\0'时,才可以作为字符串处理。

可以使用字符串常量对字符数组进行初始化。例如定义:

```
char name[7]= "liyong";
```

在存储时,后面没有赋值的元素会自动赋值为'\0'。

也可以将字符串用"{}"括起来,例如:

```
char name[7]= {"liyong"};
```

下面几种定义形式是等价的:

```
char name[7]= "liyong";
char name[]= "liyong";
char name[7]= {"liyong"};
char name[]= {"liyong"};
char name[7]= {'l', 'i', 'y', 'o', 'n', 'g'};
char name[]= {'l', 'i', 'y', 'o', 'n', 'g', '\0'};
```

5.4.2　字符串的输入/输出

字符串的输入/输出有下列 3 种形式。

(1) 使用格式化输入/输出函数 scanf 和 printf,按照%c 格式逐个字符输入/输出。

(2) 使用格式化输入/输出函数 scanf 和 printf,按照字符串格式%s 整体输入/输出。

(3) 使用字符串处理函数 gets 和 puts 进行整体输入/输出。

其中,%c 格式是针对数组元素的操作,输入时要加地址符 &,而 puts、gets 和%s 是针对字符串整体的操作,输入时使用字符数组名,不加地址符,因为数组名代表的就是数组的首地址。输出时,可以使用字符数组名,也可以使用字符串常量。使用 puts 输出字符串之后会自动换行,而使用%s 输出的字符串不能自动换行;使用%s 输入字符串时不能接收空格,即遇到空格就认为输入结束,而当字符串中包含空格时,必须使用 gets 函数输入。请读者仔细研究下面的例子,比较各种输入/输出方式的区别。

【例 5.11】　分析以下程序的执行结果。

程序如下:

```
#include "stdio.h"
int main()
{   char str[10];
    int i;
    for(i=0;i<6;i++)
      scanf("%c",&str[i]);
    for(i=0;i<10;i++)
      printf("%c",str[i]);
    printf("\n");
    printf("%s",str);     /*按照%s格式输出,从 str 首地址开始,直至遇到'\0'为止 */
    puts(str);            /*输出的字符数可能比数组元素的个数还多,取决于'\0'的位置 */
}
```

运行结果:

```
abcdef          /*使用%c格式输入字符时不需要分隔符,连续输入之后换行 */
abcdef@9        /*没有输入的元素值是不确定的,不同时间的运行结果也可能是不同的 */
abcdef@abcdef@/*输出到'\0'的前一个字符,恰好 str[7]= '\0',%s 输出之后不换行 */
```

【例 5.12】　分析以下程序的运行结果。

程序如下:

```
#include "stdio.h"
int main()
{   char str2[10],str3[10]; int i;
    scanf("%s%s",str2,str3);
    printf("%s,%s\n",str2,str3);
    puts(str2);puts(str3);
```

```
      for(i=0;str2[i]!='\0';i++)    /* 最常用的控制循环的方法是使用字符串的结束标志
                                       '\0',表达式 2 也可以写成 i<strlen(str2),但不
                                       可以写成 i<10 */
        printf("%c",str2[i]);
      printf("\n");
      for(i=0;i<10;i++)
        printf("%c",str3[i]);
   }
```

运行结果：

```
Mary Xuli
Mary,Xuli
Mary
Xuli
Mary
Xuli                              /* 没有输入的数组元素的值是不确定的 */
```

【例 5.13】　gets 函数和 puts 函数的用法。

程序如下：

```
#include "stdio.h"
#include "string.h"
int main()
{   char s1[80],s2[80]; int i;
    gets(s1); gets(s2);
    puts(s1);puts(s2);
    for(i=0;i<strlen(s2);i++)    /* 除了用'\0'控制循环外,也可以使用字符串长度函数 */
      printf("%c",s2[i]);
}
```

运行结果：

```
wang ya
Qin kong
wang ya
Qin kong
Qin kong
```

【说明】　逐个字符输出时,使用 i<strlen(s2)控制循环,其中,strlen 是求字符串长度的函数,字符串常用的处理函数还有字符串的复制、连接、比较等。

5.4.3　字符串处理函数

常用的字符串处理函数见表 5.1,此处的写法是从应用的角度写的,如果想了解函数原型的信息,请查阅附录 D。

表 5.1 常用的字符串处理函数

函数的一般形式	功 能	返 回 值
strlen(字符串)	求字符串长度	有效字符个数
strcpy(字符数组 1,字符串 2)	将字符串 2 复制到字符数组 1 中	字符数组 1 的首地址
strcat(字符数组 1,字符串 2)	将字符串 2 连接到字符数组 1 的有效字符的后面	字符数组 1 的首地址
strcmp(字符串 1,字符串 2)	比较两个字符串的大小	相等,返回 0; 字符串 1>字符串 2,返回正数; 字符串 1<字符串 2,返回负数

【说明】

(1)"字符数组 1"必须写成数组名的形式,"字符串 1"或"字符串 2"可以是字符数组名,也可以是一个字符串常量。

(2)字符串的比较规则类似于"字典序",对两个字符串自左至右逐个相比,直到出现不同的字符或遇到'\0'为止,如果全部字符相同,则认为相等;如果出现不相同的字符,则以第一个不相同的字符的比较结果为准,比较结果由函数值带回。

【例 5.14】 完成字符串的复制。

【分析】 定义两个字符数组 a 和 b,分别表示两个字符串,字符串复制的过程就是将串 a 中的字符逐个赋值给串 b,然后给串 b 加一个字符串结束标志。

程序如下:

```
#include "stdio.h"
int main()
{   char a[80],b[80];
    int i;
    gets(a);
    for(i=0;a[i]!='\0';i++)          /* 遍历串 a */
      b[i]=a[i];                     /* 将串 a 中的字符赋给串 b 中的相应元素 */
    b[i]='\0';                       /* 加结束标识'\0',让串 b 构成字符串 */
    puts(a);   puts(b);
}
```

运行结果:

```
abc123
abc123
abc123
```

【说明】 使用库函数 strcpy 完成字符串复制的过程更简单,程序如下:

```
#include "stdio.h"
#include "string.h"
int main()
{   char a[80],b[80];
```

```
    int i;
    gets(a);
    strcpy(b,a);                    /*将串 a 复制给串 b*/
    puts(a);  puts(b);
}
```

运行结果：

```
jfkds
jfkds
jfkds
```

【例 5.15】 实现两个字符串的连接。

【分析】 字符串的连接就是将第 2 个串连接到第 1 个串的后面，构成一个新串，例如串 a 为"abcd"，串 b 为"1234"，则连接之后为"abcd1234"。

具体的执行时，首先找到第一个串的结束位置，即'\0'的位置，下标为字符串的长度，然后从这个位置开始将第二个串中的字符一个个地连接到后面。

程序如下：

```
#include "stdio.h"
int main()
{   char s1[80],s2[40];
    int i,j;
    gets(s1); gets(s2);
    i=0;
    while(s1[i]!='\0')
        i++;                        /*while 循环完成,i 就是第一个字符串的长度*/
    j=0;
    while(s2[j]!='\0')
    {   s1[i]=s2[j];                /*将第二个串连接到第一个串的后面*/
        i++; j++;                   /*只有保持 i 和 j 同步增长,才能保证依次赋值*/
    }
    s1[i]='\0';
    puts(s1);
}
```

运行结果：

```
abcd
1234
abcd1234
```

【说明】 此例如果使用字符串处理函数会更简单，字符串连接函数为 strcat，程序如下：

```
#include "stdio.h"
#include "string.h"
```

```
int main()
{   char s1[80],s2[40];
    int i,j;
    gets(s1); gets(s2);
    strcat(s1,s2);                  /* 将 s2 串连接到 s1 串的后面 */
    puts(s1);
}
```

运行结果：

```
1232342
sadsfdsf
1232342sadsfdsf
```

对字符串进行实际操作时，经常用到字符串的复制、连接、比较等，C 语言提供了常用的字符串处理标准函数，使用起来很方便，只需将头文件 string.h 包含进来即可。C 语言不允许对字符串直接进行复制（a＝b）和比较（a＞b），必须使用相应的函数处理。

5.4.4　字符串应用举例

【例 5.16】　求 5 个字符串中最小的字符串。

【分析】　一个字符串需要使用一个一维数组存放，5 个字符串就需要使用 5 个一维数组存放，因此可定义一个二维字符数组，存储情况如图 5.7 所示。找最小的字符串和找最小的数的算法相同。

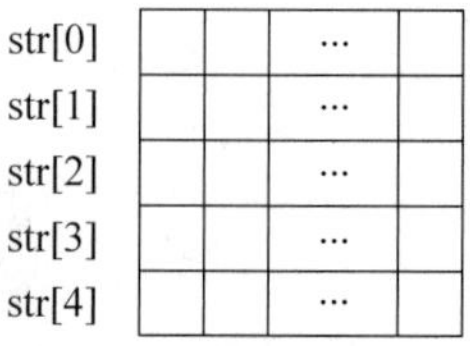

程序如下：

```
#include "stdio.h"
#include "string.h"
int main()
{   char str[5][20],minstr[20];
    int i;
    for(i=0;i<5;i++)
        gets(str[i]);               /* str[i]是一维数组名,代表第 i 个字符串 */
    strcpy(minstr,str[0]);          /* 字符串不能直接赋值,即不能写成 minstr=str[0] */
    for(i=1;i<5;i++)
        if(strcmp(str[i],minstr)<0) /* 对应于条件 str[i]<minstr */
            strcpy(minstr,str[i]);  /* 对应于赋值 minstr=str[i] */
    printf("The mini string is ");
    puts(minstr);                   /* 输出最小的字符串 */
}
```

图 5.7　用二维数组存放多个字符串

运行结果：

```
computer
english
chinese
```

```
maths
physics
The mini string is chinese
```

【例 5.17】　从给定的字符串中删除指定的字符。

【分析】　从数组中删除一个指定元素,直接的想法是先找到这个元素,然后将后面的元素依次向前移,但这种做法会使相邻的两个待删字符剩下一个,所以通常采用产生新数组的方法,即将不删除的那些元素重新放回数组中。

程序如下:

```
#include "stdio.h"
int main()
{   char s[80],c;
    int i,k=0;
    gets(s);
    scanf("%c",&c);                         /*输入要删除的字符*/
    for(i=0;s[i]!='\0';i++)
        if(s[i]!=c)   {s[k]=s[i];k++;}      /*将不删除的元素重新放回数组中*/
    s[k]='\0';
    puts(s);
}
```

运行结果:

```
xyzxyzxyz
x
yzyzyz
```

执行过程如图 5.8 所示。

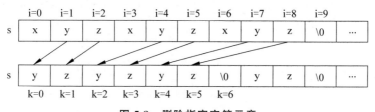

图 5.8　删除指定字符示意

【例 5.18】　将一个十进制正整数转换为十六进制数。

【分析】　十进制正整数转换为十六进制数采用除以 16 取余的方法,十六进制的数码表示中有字符 A~F,所以转换的结果应该放在一个字符数组中,求出的余数是数值类型,需要转换成字符类型。最先求出的余数是十六进制数的个位,因此求出的结果是逆序的,输出前要转换成正序。

程序如下:

```
#include "stdio.h"
```

```
int main()
{   char he[20],t;
    int m,i=0,d,k;
    scanf("%d",&m);                  /*输入待转换的十进制正整数*/
    while(m>0)                       /*除16取余的过程循环到商为0为止,所以是在m>0(也可写成
                                       m!=0)时才继续循环*/
    {   d=m%16;                      /*d为除以16的余数*/
        if(d<10)   he[i]=d+'0';      /*d为0~9时,变成相应的字符类型*/
        else he[i]=d+55;             /*d为10~15时,变成A~F*/
        m/=16;              /*m变成除以16之后的商,下次循环时用这个商继续除以16求余*/
        i++;                /*i既有计数的功能,也能保证计算结果可以依次存放在he数组中*/
    }
    he[i]='\0';                      /*保证he构成字符串*/
    for(k=0;k<i/2;k++)
      {t=he[k];he[k]=he[i-1-k];he[i-1-k]=t;}        /*字符串逆序存放*/
    puts(he);
}
```

运行结果:

```
266
10A
```

【说明】 如果求得的余数为 0~9,则需要将数值型数据转换成字符型数据再赋到数组 he 中,方法是加上 0 的 ASCII 码值,也可直接写 48;当余数是 10~15 时,需要转换成 A~F,方法是加 55,例如当余数是 10 时,加 55 就得到了 65,而这正是'A'的 ASCII 码值。

【例 5.19】 判断一个字符串是否是另一个字符串的子串,如果是,则输出其第一次出现的位置;如果不是,则输出相应的信息。

【分析】 从字符串 a 的每个字符 a[i]开始和字符串 b 的每个字符进行比较,如果一直相等,就表示 b 是 a 的子串。

程序如下:

```
#include "stdio.h"
#include "string.h"
main()
{
    int i,j,k,flag=0;
    char a[80],b[10];
    gets(a);
    gets(b);
    for(i=0;a[i]!='\0';i++)
    {   for(j=i,k=0;b[k]!='\0';k++,j++)
          if(b[k]!=a[j]) break;
        if(b[k]=='\0')
          { printf("yes %d\n",i); flag=1;break;}
```

```
  }
  if(flag==0) printf("no\n");
}
```

运行结果：

```
I love C programming
gram
yes 12
fjksdfajkasfd
abc
no
```

【思考】　如果统计一个字符串在另一个字符串中出现的次数，那么应该如何修改程序？

【例 5.20】　制作学生成绩管理系统 1.0 版。

【分析】　系统功能包括数据输入、成绩统计（每人、每科的最高分、最低分和平均分）、按每人平均分进行排序、查找成绩不及格的学生等。

程序如下：

```
#include "stdio.h"
#include "string.h"
#define N 5
#define M 3
int main()
{   int a[N][M],cmax[M],cmin[M],bmin[N],bmax[N],t,max,min,i,j,k;
    /* bmax 和 bmin 数组存放每人的最高分和最低分,cmax 和 cmin 存放每科的最高分和最低分 */
    float s,ave,dh[N],dl[M];
    char name[N][20],temp[20];
    for(i=0;i<N;i++)
      gets(name[i]);                            /* 输入姓名 */
    for(i=0;i<N;i++)
    {
      for(j=0;j<M;j++)
        scanf("%d",&a[i][j]);
    }
    /* 以下统计每人的最高分、最低分和平均分 */
    for(i=0;i<N;i++)
    {   s=0;bmax[i]=a[i][0]; bmin[i]=a[i][0];
        for(j=0;j<M;j++)
        {   s+=a[i][j];
            if(bmax[i]<a[i][j]) bmax[i]=a[i][j];
            if(bmin[i]>a[i][j]) bmin[i]=a[i][j];
        }
        dh[i]=s/M;
    }
```

```
/*以下统计每科的最高分、最低分和平均分 */
for(j=0;j<M;j++)
{   s=0;cmax[j]=cmin[j]=a[0][j];
    for(i=0;i<N;i++)
    {   s+=a[i][j];
        if(cmax[j]<a[i][j]) cmax[j]=a[i][j];
        if(cmin[j]>a[i][j]) cmin[j]=a[i][j];
    }
    dl[j]=s/N;
}
/*以下输出结果 */
printf("%10s%4s%4s%4s%4s%4s%4s\n","xm","shu","yu","ying","da","xiao","ave");
for(i=0;i<N;i++)
{   printf("%10s",name[i]);
    for(j=0;j<M;j++)
        printf("%4d",a[i][j]);
    printf("%4d%4d%6.2f\n",bmax[i],bmin[i],dh[i]);
}
for(j=0;j<M;j++)
    printf("%10s%4d%4d%6.2f\n","meike",cmax[j],cmin[j],dl[j]);
printf("find fail\n");                          /*以下查找成绩不及格的学生 */
for(i=0;i<N;i++)
{   k=1;
    for(j=0;j<M;j++)
        if(a[i][j]<60) k=0;
    if(k==0)
    {   printf("%20s",name[i]);
        for(j=0;j<M;j++)
            printf("%5d",a[i][j]);
        printf("%6.2f\n",dh[i]);
    }
}
printf("paixu\n");                              /*以下按每人的平均分进行排序 */
for(i=0;i<N-1;i++)
{   k=i;
    for(j=i+1;j<N;j++)
        if(dh[k]<dh[j]) k=j;
    if(k!=i)
    {   t=dh[i];dh[i]=dh[k];dh[k]=t;
        strcpy(temp,name[i]);strcpy(name[i],name[k]);strcpy(name[k],temp);
        for(j=0;j<M;j++)
            {t=a[k][j];a[k][j]=a[i][j];a[i][j]=t;}
    }
}
printf("%20s%10s%10s\n","xingming","zongfen","mingci");
for(i=0;i<N;i++)
```

```
    printf("%20s%10.2f%10d\n",name[i],dh[i],i+1);
}
```

运行结果：

```
wang
zhang l
li
zhao
yang
66 65 67 87 83 54 65 25 71 56 68 91 92 90 91
        xm  shu   yu  ying    da  xiao   ave
     wang   66   65   67          67    65   66.00
  zhang l   87   83   54          87    54   74.67
       li   65   25   71          71    25   53.67
     zhao   56   68   91          91    56   71.67
     yang   92   90   91          92    90   91.00
    meike   92   56  73.20
    meike   90   25  66.20
    meike   91   54  74.80
find fail
  zhang l   87   83   54   74.67
       li   65   25   71   53.67
     zhao   56   68   91   71.67
paixu
xingming   zongfen   mingci
     yang    91.00       1
  zhang l    74.67       2
     zhao    71.67       3
     wang    66.00       4
       li    53.00       5
```

【说明】 从此程序的输出结果可以看出，此程序的功能比较有限，并且不够灵活，没有考虑用户的查询需求，只是列出了一些常用的结果。理想的系统应该允许用户选择不同的查询条件，例如只查询每科的最高分或者只查询有不及格成绩的学生数据等，这时可以把每部分的功能独立完成，即需要哪一部分就调用哪一部分，要实现这样的功能，就需要用到函数。

5.5　小　　　结

数组是非常重要的一类数据类型，数组按照数组元素的类型划分，可分为数值型和字符型，随着学习的深入，还会接触到结构体类型和指针类型等；按照可带下标的个数划分，可分为一维数组、二维数组及多维数组。给数组元素赋值时可用多种方法，如初始化、输入、赋值和随机产生等。数组的输入/输出离不开循环。使用数组时一定要注意对数组的定义、引用和初始化。

本章中介绍了几个常用的算法,涉及一维数组的常用算法包括排序、数组元素逆序存放、数组元素的删除、求数组中的最大/最小值及二分查找法等。涉及二维数组的常用算法包括矩阵的转置、数组按一定规律填数、数组某一部分的表示(对角线、左下三角、右上三角、外框等),如输出杨辉三角形。涉及字符数组的常用算法包括求字符串的长度,字符串的复制、连接、比较等,处理字符串时一定要注意字符串结束标志的正确使用。

习 题 5

一、选择题

1. 若有说明：int a[4][4];,则对数组 a 元素的非法引用是_____。
      A. a[0][3 * 1]   B. a[2][3]
      C. a[1+1][0]   D. a[0][4]

2. 若有说明：static int a[][3]={1,2,3,4,5,6,7,8,9};,则数组 a 第一维的大小是_____。
      A. 1   B. 2   C. 3   D. 4

3. 若二维数组 a 有 m 列,则在 a[i][j] 前的元素个数为_____。
      A. i * m+j   B. j * m+i   C. i * m+j−1   D. i * m+j+1

4. 下面是对数组 s 的初始化,其中不正确的是_____。
      A. char s[5]={"123"};   B. char s[5]={'1','b','c'};
      C. char s[5]="";   D. char s[5]="abcdef";

5. 判断字符串 s1 是否等于字符串 s2,应使用_____。
      A. if (s1==s2)   B. if (s1=s2)
      C. if (strcpy(s1,s2))   D. if (strcmp(s1,s2)==0)

6. 定义包含 8 个 int 类型元素的一维数组,以下错误的定义语句是_____。
      A. int N=8;   B. #define N 3
         int a[N];   int a[2 * N+2]
      C. int a[]={0,1,2,3,4,5,6,7};   D. int a[1+7]={0};

7. 若有以下定义语句：int a[]={1,2,3,4,5,6,7,8,9,10};,则值为 5 的表达式是_____。
      A. a[5]   B. a[a[4]]   C. a[a[3]]   D. a[a[5]]

二、阅读程序,写出运行结果

1.

```c
#include "stdio.h"
int main()
{   int a[3][3]={1,3,5,7,9,11,13,15,17};
```

```
    int sum=0,i,j;
    for (i=0;i<3;i++)
    for (j=0;j<3;j++)
    {   a[i][j]=i+j;
        if (i==j) sum=sum+a[i][j];
    }
    printf("sum=%d",sum);
}
```

2.

```
#include "stdio.h"
int main()
{   int a[4][4],i,j,k;
    for (i=0;i<4;i++)
      for (j=0;j<4;j++)
          a[i][j]=i-j;
    for (i=0;i<4;i++)
    {   for (j=0;j<=i;j++)
            printf("%4d",a[i][j]);
            printf("\n");
    }
}
```

3.

```
#include <stdio.h>
int main()
{   int i,s;
    char s1[100],s2[100];
    printf("input string1:\n");
    gets(s1);
    printf("input string2:\n");
    gets(s2);
    i=0;
    while ((s1[i]==s2[i])&&(s1[i]!='\0'))
      i++;
    if ((s1[i]=='\0')&&(s2[i]=='\0')) s=0;
    else s=s1[i]-s2[i];
    printf("%d\n",s);
}
```

输入数据为

aid

and

三、编程题

1. 求一个 5×5 矩阵的两条对角线上的元素之和,数组元素可以输入,也可以随机产生。

2. 已知一个 5×5 的数组,求它的右上三角(含对角线)的元素之和。

3. 用 for 循环求 5×5 数组中除了四条边框的元素之外的元素之和。

4. 有 n 个数已按由小到大的顺序排序,要求输入一个数,把它插入原有序列,插入之后仍然保持有序。

5. 将一个字符串的前 n 个子字符送到一个字符型数组中,然后加上一个字符串结束标志(不允许使用 strcpy(str1,str2,n)函数),n 由键盘输入。

6. 有一行字符,统计其中的单词个数(单词之间用空格分隔),并将每个单词的第一个字母改为大写形式。

7. 打印图 5.9 所示的杨辉三角形,输出前 10 行,从第 0 行开始,分别用一维数组和二维数组实现。

8. 打印图 5.10 所示的方阵,要求:不允许使用键盘输入语句和使用静态赋值语句,尽量少用循环。

```
        1                          1 2 2 2 2 2 1
       1 1                         3 1 2 2 2 1 4
      1 2 1                        3 3 1 2 1 4 4
     1 3 3 1                       3 3 3 1 4 4 4
    1 4 6 4 1                      3 3 1 5 1 4 4
   1 5 10 10 5 1                   3 1 5 5 5 1 4
                                   1 5 5 5 5 5 1
```

　　图 5.9　等腰形式的杨辉三角形　　　　　　图 5.10　方阵填数

第6章

函　数

本章重点

- 函数的定义。
- 函数的调用。
- 局部静态变量的特点和应用。

6.1　C 程序的模块化

在前面的学习中,我们知道解决大型、复杂的问题可以使用函数。解决复杂问题的一般思路是将复杂问题分解为若干相对简单的部分,使每个简单的部分只完成特定、单一的功能,这也是程序设计中的模块化设计思想,即首先将大的问题分割为若干功能模块,各个模块的功能相对简单、独立、结构清晰、易于实现。

C 语言是支持模块化程序开发的语言,C 语言中各个模块的功能由函数实现。C 语言中的“函数”和数学中的“函数”概念不同。C 语言中的函数除了可以求值之外,还可以完成特定的功能。

C 程序由一个或多个程序文件构成,每个程序文件由一个或多个函数构成,通过函数之间的相互调用完成工作。一个 C 程序必须有且仅有一个主函数(main 函数),C 程序从主函数开始执行,在主函数结束。在图 6.1 所示的 C 程序结构中,箭头表示函数之间的调用关系,该程序由 6 个函数构成,主函数调用了 f1 函数和 f2 函数,f1 函数调用了 f3 函数和 f4 函数,f2 函数调用了 f5 函数,各个函数也可以相互调用,例如 f2 函数也可以调用 f1、f3、f4 函数,但它不可以调用主函数。主函数是在执行程序时由系统自动执行的。

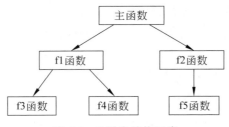

图 6.1　C 程序结构示意

每个 C 语言编译系统都提供了标准库函数,程序设计中的许多常用功能都可以在标准库函数中找到,例如常用的数学函数、字符串处理函数和输入/输出函数等。标准库函数的功能通过一批头文件描述,当在程序中使用某类函数时,需要将其所在的头文件用 #include 命令包含到本程序文件中。详细信息请查阅附录。

标准库函数的数量有限,不可能满足每个用户的特定需求,因此,C 语言允许用户定义自己的函数,称为用户自定义函数,本章将介绍用户自定义函数。

标准函数和用户自定义函数都可以分为有参函数和无参函数两类。

本章主要解决的问题是如何定义和调用一个函数。函数一经定义,就和系统提供的标准函数的用法一致了。

定义函数之前,首先需要解决的问题是函数功能的划分,即什么样的程序段可以定义成一个函数,这方面虽然没有通用的准则,但可以从以下两方面考虑。

(1) 程序中可能会有需要重复计算的公式或多次完成的相似功能,这时可以将相似的部分用一个函数完成,当程序需要用到这部分功能时,即可调用定义的函数完成,这样可以达到定义一次而使用多次的效果。

(2) 程序中具有逻辑独立性的片断。即使这部分只出现一次,也可以把它定义成独立的函数,在原来程序的相应位置换成函数调用,这样不但能使程序的结构更清晰,还可以降低程序的复杂性,提高程序的可读性。

6.2　函数的定义

6.2.1　无参函数的定义

无参函数定义的一般形式为

类型标识符　函数名()
{
**　　函数体**
}

函数主要由函数头和函数体两部分构成,定义一个函数时要交代清楚这两部分的内容。函数头通常也称函数首部,包含类型标识符、函数名和括号内的形式参数(简称形参),这是定义函数时必须首先解决的关键问题。类型标识符表示函数值的类型,即函数返回值的类型,如果函数没有返回值,则类型标识符定义为 void;函数名是用户自定义的函数的名字,要符合标识符的命名规则;函数的形式参数通常是使用这个函数时必须提供的已知条件,有时也包括函数的求解结果,每个参数都由类型标识符和一个参数名构成,如果没有参数,则可以在函数运算符"()"内写 void,也可以空白。函数体包括变量声明、可执行语句和 return 语句等部分,return 语句用来使流程返回到调用处。

【例 6.1】　编写函数,实现打印一条直线的功能,已知直线固定由 20 个"-"构成。

【分析】　定义函数之前,首先要解决函数头如何书写,即确定函数返回值的类型和函数的参数,而这通常需要从分析问题的已知条件和求解目标入手。打印一条固定长度的直线,事先不需要提供任何条件,所以可以确定函数为无参函数;函数的功能为完成打印操作,不求出任何值,所以函数返回值的类型为 void,函数名可以按"见名知意"的原则命名为 printline,至此,函数头可完全确定为

```
void printline()
```

其次,需要解决函数体如何书写,函数体的内容就是能实现函数功能的若干语句,这里就是打印一条直线。打印由 20 个"-"构成的线只需要一条语句:

```
printf("--------------------\n");
```

最后,完整的函数如下:

```
void printline()
{printf("--------------------\n");
}
```

以后,当在其他的函数中需要打印一条直线时,只要调用 printline 函数就可以了,具体的调用形式为

```
printline();
```

程序如下:

```
#include "stdio.h"
void printline()
{   printf("--------------------\n");
}
int main()
{   printline();
    printf("shuchuneirong\n");
    printline();
}
```

运行结果:

```
--------------------
shuchuneirong
--------------------
```

【说明】　这是我们完成的第一个函数,其功能比较有限,而且函数库中提供了画线的函数,可以很方便地画线,这里只是想简单地说明函数的定义方法。这个函数的功能还可以扩展,实际使用时可能需要不同长度的直线,例如,有时需要打印由 30 个"-"构成的直线,有时可能长度为 50,这时这个函数就不适用了,如果长度不同,那么在调用函数时必须提供需要的长度值,这就是调用函数的已知条件,这个已知条件需要定义成函数的形式参数,可以通过定义一个有参函数完成。

6.2.2　有参函数的定义

有参函数定义的一般形式为

类型标识符　函数名(形式参数表列)
{
**　　　函数体**
}

定义有参函数比定义无参函数多一个形式参数列表,这个形参列表一般包含实现函数功能必须已知的条件。

【**例 6.2**】　定义一个有参函数,打印一条变长的直线。

【**分析**】　实现函数的功能必须已知线的长度 n,而且 n 为整数,所以可确定函数的形参为 int n。该函数还是不求值,所以函数返回值的类型仍为 void,这样,函数头为

```
void  printn(int n)
```

函数体用来完成在已知 n 的情况下打印出由 n 个"-"构成的直线,这时需要通过一个循环完成。

程序如下:

```
#include "stdio.h"
void printn(int n)
{   int i;
    for(i=1;i<=n;i++)
    printf("-");
    printf("\n");
}
int main()
{   printn(40);
    printn(50);
}
```

运行结果:

```
----------------------------------------
--------------------------------------------------
```

【**例 6.3**】　定义一个函数,求两个整数的和。

【**分析**】　求两个整数的和需要已知的条件是两个整数,因此需要两个形参:int a 和 int b,求的结果是两数的和,它还是一个整数,因此函数值的类型为整型,再将函数命名为 sum,这样函数头就确定了。

```
int sum (int a,int b)
```

接下来,函数体的写法很简单,就是在已知 a 和 b 的情况下求出 a+b。

程序如下：

```
#include "stdio.h"
int sum(int a,int b)
{   int c;
    c=a+b;
    return (c);
}
int main()
{   int x,y;
    x=2;y=3;
    printf("x+y=%d,2+3=%d\n",sum(x,y),sum(2,3));
}
```

运行结果：

x+y=5,2+3=5

【说明】　调用时,sum(x,y)表示求 x 与 y 的和;sum(2,3)则表示 2 与 3 的和。

6.3　函数的调用

C 程序由函数构成,其中一定有一个主函数,程序执行从主函数开始,在主函数结束。除了主函数以外,程序中的其他函数只有在被调用时才会被执行。调用其他函数的函数称为主调函数,被其他函数调用的函数称为被调函数。函数调用的一般形式为

函数名(实参表列)

调用无参函数时,函数名后面跟一对空的括号,即函数调用时括号不能省略;当实参有多个时,中间用逗号分隔。

6.3.1　实参和形参

定义函数时,函数名后面的括号内的变量名称称为形式参数,简称形参;调用函数时,函数名后面的括号内的表达式称为实际参数(简称实参)。发生函数调用时,实参会将它的值传递给形参,同时,程序的流程将转到被调函数开始执行,执行到 return 语句或函数结束处再返回到主调函数。

函数调用过程中,为了能使参数值正确地传递,必须保证实参与形参在个数、顺序和类型上一一对应。

【例 6.4】　编写函数,求两个整数的最大公约数和最小公倍数。

【分析】　定义求最大公约数的函数需要了解已知条件和求解结果。

已知:两个整数,决定需要两个整型形参。

求:最大公约数,知道返回值为整型。

程序如下:

```
#include "stdio.h"
int gcd(int a,int b)
{   int r;
    r=a%b;
    while(r!=0)
      {a=b;b=r;r=a%b;}
    return b;
}
int lcm(int a,int b)
{   return a*b/gcd(a,b);}
int main()
{   int x,y,gys,gbs;
    scanf("%d%d",&x,&y);
    gys=gcd(x,y);
    gbs=lcm(x,y);
    printf("最大公约数为:%d\n",gys);
    printf("最小公倍数为:%d\n",gbs);
}
```

运行结果：

```
12 8
最大公约数为:4
最小公倍数为:24
```

【说明】 函数的执行过程从主函数开始执行,首先为 x、y、gys、gbs 分配存储单元,执行 scanf 函数时,从键盘输入 12 和 8,接下来的赋值语句中的 gcd(x,y)为函数调用,x、y 为实参,程序的流程转到 gcd 函数执行,为形参 a、b 分配存储单元,同时发生参数传递,实参 x 将它的值 12 传给形参 a,实参 y 将它的值 8 传给形参 b,如图 6.2 所示;然后执行 gcd 函数的函数体,给 gcd 函数中定义的变量 r 分配存储单元,执行 r=a%b,r 的值为 4,执行 while 语句,循环条件成立,执行循环体,得到 a=8,b=4,r=0,再判断循环条件 r!=0,结果为假,循环结束;接

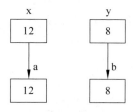

图 6.2 函数调用的参数传递

着执行 return b,函数调用结束,返回到主调函数,函数值为 4,则 gys=4,然后继续执行下一条语句,直到主函数结束。函数调用结束后,分配给形参和函数中的变量的存储单元也会被释放,再次发生函数调用时,再重新为其分配存储单元。

在 gcd 函数的执行过程中,形参 a 和 b 的值发生了变化,但并不影响实参 x 和 y 的值,这是 C 语言中参数传递的特点,属于单向值传递,即只是将实参的值传给形参,形参的值并不能传回给实参。

6.3.2　return 语句

　　return 语句的作用是将流程返回至调用处,如果函数是纯粹计算函数,则由 return 语句返回一个计算结果,这个结果由 return 后面的表达式给出,表达式可以用括号括起来,也可以不括起来。对于完成一个具体工作的函数,可以返回完成结果,如 printf 函数执行成功后会返回显示的字节数,执行失败时后会返回一个负整数。对于无返回值的函数,return 语句的后面不带表达式,此时不返回任何值,仅将流程转回主调函数。如果不带表达式的 return 语句位于函数的最后,则可以省略 return 语句,这时,当执行到表示函数结束的右花括号时,流程会返回到主调函数。

　　一个函数中可以有多个 return 语句,不管执行到哪个 return 语句,流程都会返回到主调函数;一个函数中有多个 return 语句并不表示这个函数可以同时求出多个值,函数的返回值只能有一个,要想从函数的调用中得到多个变化的值,需要另想办法。

　　【**例 6.5**】　按每行 10 个数的格式输出 1～100 的所有素数。

　　【**分析**】　判断一个整数是否为素数的功能可由函数实现,一个数是否为素数只有两种可能:是或者不是。有两种可能的事情通常可以用 1 和 0 表示,因此,规定是素数时函数值为 1,不是素数时函数值为 0。

　　在主函数中循环调用这个函数进行判断,如果函数值为 1,就表示是素数,然后输出。程序如下:

```
#include "stdio.h"
int prime (int m)
{   int i;
    if (m<2) return 0;                    /*特别声明 1 不是素数*/
    for(i=2;i<=m/2;i++)
      if(m%i==0) return 0;
    return 1;                             /* for 循环正常结束,才会执行到这条语句*/
}
int main()
{   int m,k=0;
    for(m=1;m<=100;m++)
      if(prime(m)==1)
      {printf("%5d",m);
       k++;
       if(k%10==0) printf("\n");
      }
}
```

　　运行结果:

```
 2   3   5   7  11  13  17  19  23  29
31  37  41  43  47  53  59  61  67  71
73  79  83  89  97
```

函数中有 3 个 return 语句,但一次函数调用只有一个 return 语句能被执行到,因为只要执行了 return 语句,程序的流程就会转到主调函数,没有机会再执行其他 return 语句了。因此,只有 m 是素数时才会执行"return 1;"这条语句。

判断素数的函数还可以写成下面两种形式。

```c
int prime (int m)
{   int i,k=1;
    if (m<2) k=0;
    for(i=2;i<=m/2;i++)
      if(m%i==0) k=0;
    return k;
}
int prime (int m)
{   int i;
    if (m<2) return 0;
    for(i=2;i<=m/2;i++)
    if(m%i==0) break;
    if(i>m/2) return 1;
    else return 0;
}
```

【例 6.6】 求 4!+14!+27!。

【分析】 程序中多次用到了求阶乘的计算,因此定义一个函数求 n!。由于阶乘的增长速度很快,14! 就已经超出了整型的范围,所以函数值的类型需要定义成 float 型或 double 型。

程序如下:

```c
#include "stdio.h"
float jiec(int n)
{   float y;
    int i;
    y=1;
    for (i=1;i<=n;i++)
        y=y*i;
    return (y);
}
int main()
{   float s;
    s=jiec(4)+jiec(14)+jiec(27);
    printf ("%f\n",s);
}
```

【说明】 如果将主函数和 jiec 函数交换位置,则会出现错误,这是因为如果被调函数在主调函数的后面定义,那么当主调函数执行到函数调用语句时,会默认 jiec 函数的类型为整型,而编译到 jiec 函数定义时,又会发现定义的是 float 型,编译系统认为 jiec 函数在重新声明时类型不匹配,改正的方法是在主调函数中声明被调函数的类型。

6.3.3　被调函数的类型声明

　　函数声明是指对用到的函数的特征进行必要说明。编译系统以函数声明给出的信息为依据对调用表达式进行检测,包括形参与实参的类型是否一致、函数返回值的类型是否正确等,以保证函数的正确调用。

　　函数声明的一般形式为

类型标识符 函数名 (形参表列)

　　例如,例 6.6 中的 jiec 函数的声明形式为

```
float jiec(int n);
```

也可以不写形参名:

```
float jiec(int);
```

　　定义函数时规定的函数头也称函数原型,函数原型的定义分为现代风格和传统风格两种形式,前面使用的一直都是现代风格的定义形式,即形参的类型直接在括号中说明。传统风格的定义形式为过时的形式,它将函数头写成两行,函数名后的括号中只写形参的名字,而形参的类型写在下一行,例如对前面的 jiec 函数的传统声明形式为

```
float jiec(n)
int n;
```

　　使用传统风格定义的函数,在对其进行类型声明时必须写成相应的形式,即

类型标识符 函数名 ()

　　简单地说,在对传统风格定义的函数进行类型声明时,函数名后只跟空的括号,声明现代风格的函数只需要将函数头原样抄一遍,再加个分号就可以了。

　　以下三种情况可以省略被调函数的类型声明,但应该养成对函数进行显式声明的良好习惯。

　　(1) 当函数的定义出现在主调函数之前,可以省略函数声明,因为此时编译系统已经从函数的定义中了解了该函数的有关信息。

　　(2) 当函数的类型为整型时,可以省略类型声明,系统默认函数返回值为整型。

　　(3) 当被多个函数调用时,可将类型声明放在所有函数之前,这样在每个主调函数的内部就不用再对其进行类型声明了。

6.4　递 归 函 数

　　C 语言允许函数直接或间接地调用自己,即允许在被定义的函数体内调用该函数自身,这种用自身的结构描述自身的方法称为递归。递归是一种描述问题的算法,最常见

的例子就是描述阶乘的运算。

【例 6.7】 编写求 fac(n)＝n! 的函数。

【分析】 将 $n!$ 作如下定义：

$$n! = \begin{cases} 1, & n = 0 \\ n \cdot (n-1)!, & n \geqslant 1 \end{cases}$$

这只是一个简单的分段函数。

程序如下：

```c
#include "stdio.h"
float fac(int n)
{
    if (n==1||n==0) return 1;
    else return n * fac(n-1);
}
int main(void)
{
    printf("%.0f",fac(4));
}
```

运行结果：

```
24
```

【说明】

fac(4)的执行过程如图 6.3 所示。

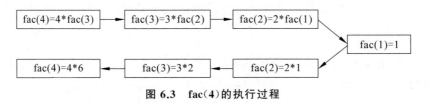

图 6.3 fac(4)的执行过程

图 6.3 中的→为递推轨迹，←为回归轨迹，从图 6.3 中可以看出递推与回归各持续了 3 次。

递归算法一定包含两方面：递归的方式和递归终止的条件，二者缺一不可。

【例 6.8】 递归求 Fibonacci 序列的前 7 项。

程序如下：

```c
#include "stdio.h"
long fib(int n)            /* Fibonacci 序列增长速度非常快,n 超过 24,整型就放不下了 */
{   long f;
    if(n==1||n==2) f=1;
    else f=fib(n-1)+fib(n-2);
    return f;
```

```
}
int main()
{   long f;
    int i;
    for(i=1;i<=7;i++)
      printf("%5ld",fib(i));
}
```

运行结果：

```
1    1    2    3    5    8    13
```

【说明】

（1）递归算法设计简单，但非常占用系统资源，运行时间和占据的内存空间都比非递归算法多。例如，将例 6.8 中的 7 改为 45，会明显地感觉到计算一个数的速度越来越慢。

（2）设计一个正确的递归函数必须注意两点要素：其一是具备递归条件，其二是具备终止递归的条件。

（3）递归函数对于求阶乘、级数和指数运算等有特殊效果。

6.5　数组作为函数参数

6.5.1　数组元素作实参

【例 6.9】　求正整数数组 a[10]中的素数。

【分析】　例 6.5 中编写了 3 种判断素数的函数，如果要判断包含 10 个元素的数组中的素数，则只需要判断每个数组元素是否为素数，只要调用例 6.5 中的 prime 函数即可。如果 prime(a[i])的值为 1，则 a[i]就是素数，完整的程序如下：

```
#include "stdio.h"
int prime(int n)
{   int i;
    if (n<2) return 0;
    for(i=2;i<n;i++)
      if(n%i==0) return 0;
    return 1;
}
int main(void)
{   int a[10],i;
    for(i=0;i<10;i++)
      scanf("%d",&a[i]);
    for(i=0;i<10;i++)
      if(prime(a[i])==1) printf("%5d",a[i]);
}
```

运行结果：

```
3 54 7 8 12 17 89 234 88 66
    3    7    17    89
```

【说明】 程序中的函数调用的实参为数组元素，对应的形参为简单变量，函数调用方式和实参是变量、常量还是表达式没有本质区别。

6.5.2 数组名作函数参数

在第 5 章的数组的例子中有这样的问题，求一个班中每个学生的 10 门课的平均成绩，现在要求用函数完成。经过分析知道，这个函数的已知条件为 10 门课的成绩，这时形参中至少需要 10 个参数，这样写起来不太方便，而且在课程门数增多时不易实现。自然地想到，一个组数是可以用数组名代表的，函数的形参可以使用数组名。

【例 6.10】 分别求一个班中 2 个学生的 10 门课的平均成绩。要求用函数完成。

【分析】 函数部分：已知 10 个数，由数组表示，形参为数组名；要求平均值，知道函数值的类型为浮点型。程序如下：

```c
#include "stdio.h"
float average(int b[10])
{   int i;
    float aver,sum=0;
    for (i=0;i<10;i++)
      sum=sum+b[i];
    aver=sum/10;
    return(aver);
}
int main()
{   float aver1,aver2;
    int a1[10],a2[10],i;
    for (i=0;i<10;i++)
      scanf ("%d",&a1[i]);
    for (i=0;i<10;i++)
      scanf ("%d",&a2[i]);
    aver1=average(a1);
    aver2=average(a2);
    printf (" %5.2f,%5.2f\n",aver1,aver2);
}
```

运行结果：

```
66 77 88 57 89 95 83 67 78 91
87 89 45 78 67 90 94 88 69 78
 79.10,78.50
```

【说明】 C 语言规定数组名代表数组的首地址，当形参是数组名时，实参也可以用数组名。当发生函数调用 average(a1)时,实参数组 a1 将其首地址传递给形参数组 b,即 b[0]的地址就是 a1[0]的地址,这样数组 a1 和数组 b 共用同一段内存单元,相当于数组 a1 将其 10 个元素同时传给了数组 b。当在 average 函数中求数组 b 中元素的和时,实际求的是数组 a1 中所有元素的和。在 average 函数中,数组 a1 和数组 b 中的元素在任意时刻都是对应相等的。这种参数传递方式也称地址传递,如图 6.4 所示。

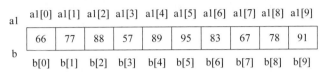

图 6.4 实参数组和形参数组的地址结合

【思考】

(1) 如果在函数中改变了 b[2]的值,那么 a1[2]的值是否会发生变化?

(2) 如果需要使函数在数组元素个数不同时也能求出所有数组元素的平均值,那么应如何修改程序?

当用数组名作形参时,实参数组必须是已定义的、具有明确值的、定长的数组,而形参数组在定义时可以不指定数组的大小,这样,实参数组有多大,形参数组就可以有多大。如果在定义函数时不指定形参数组的大小,则通常需要加一个形参(表示数组大小的整数),例 6.10 中的 average 函数可以修改如下:

```
#include "stdio.h"
float average(int b[],int n)        /*定义时不指定形参数组的大小,形参n表示元素个数*/
{   int i;
    float aver,sum=0;
    for (i=0;i<n;i++)
      sum=sum+b[i];
    aver=sum/n;
    return(aver);
}
int main()
{   float aver1;
    int a1[10], i;
    for (i=0;i<10;i++)
      scanf ("%d",&a1[i]);
    aver1=average(a1,10);            /*函数调用时,实参是数组名和一个整数*/
    printf (" %5.2f\n",aver1);
}
```

运行结果:

```
66 77 88 57 89 95 83 67 78 91
 79.10
```

【说明】 在这种写法中,函数的调用更为灵活,例如 average(a1,5)表示求前 5 个数的平均值,而 average(&a1[5],5)表示求后 5 个数的平均值。&a1[5]把它的地址传递给形参 b,b[0]的地址就是 a1[5]的地址,这时的地址结合形式如图 6.5 所示。

利用实参数组和形参数组的地址结合的特点,可以从函数的调用中得到多个变化的值,数组名作函数参数的优点是能从主调函数向被调函数传递一个组数,同时也可以从被调函数向主调函数"传回"一组变化了的数。"传回"是通过实参数组和形参数组共用同一段内存单元,形参数组元素的值在发生变化的同时会改变相应实参数组元素的值实现的。

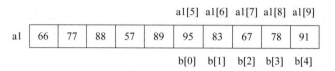

图 6.5 实参地址传递给形参数组名

【例 6.11】 用冒泡排序法对 10 个整数按升序排序。

【分析】

(1) 排序部分用函数完成,函数的形参为数组名和整型变量;函数无返回值。

(2) 冒泡排序法:将相邻的两个数进行比较,如果前一个数大于后一个数,就交换这两个数,如图 6.6 所示,第 1 轮共进行了 n−1 次比较,比较结果是将最大的数排在了最后面。

(3) 第 2 轮只要比较 n−2 次,以后每增加一轮比较,比较次数就减少一次。进行n−1 轮比较之后,就可以按升序排好序了。

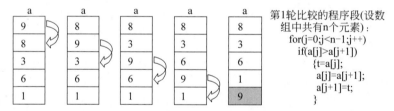

图 6.6 冒泡排序法的第 1 轮比较过程

程序如下:

```c
#include "stdio.h"
void sort(int a[],int n)
{   int i,j, t;
    for (i=0;i<n-1;i++)
      for (j=0;j<n-1-i;j++)      /* i 每增加 1,循环就减少 1 次 */
      if (a[j]>a[j+1])
        { t=a[j];
         a[j]=a[j+1];
         a[j+1]=t;
        }
```

```
}
int main()
{   int array[10],i;
    void sort(int a[],int n);
    for (i=0;i<10;i++)
       scanf ("%d",&array[i]);
    sort(array,10);
    for (i=0;i<10;i++)
      printf ("%5d",array[i]);
    printf ("\n");
}
```

运行结果：

```
5 7 9 2 4 1 8 3 10 6
    1    2    3    4    5    6    7    8    9    10
```

【说明】　图 6.7 分别表示调用函数时和调用函数后的元素值的情况。

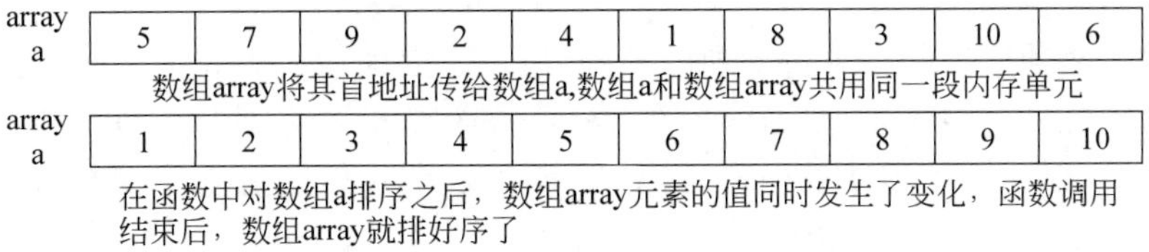

图 6.7　调用函数时和调用函数后的元素值的情况

利用数组名作参数可以带回一组变化了的值的特点,可以从函数调用中得到多个值。

【例 6.12】　用函数统计一个字符串中的字母、数字、空格和其他字符的个数。

【分析】　必须已知一个字符串,函数的形式参数应该是一个字符数组名,函数要求的值有 4 个数,把这 4 个数用一个整型数组带回,所以形参中还需要加一个整型数组名,函数不需要返回值。程序如下:

```
#include "stdio.h"
void countnum(char str[],int a[])
{   int i;
    for(i=0;str[i]!='\0';i++)
      if(str[i]>='a'&&str[i]<='z'|| str[i]>='A'&&str[i]<='Z') a[0]++;
      else if (str[i]>='0'&&str[i]<='9') a[1]++;
      else if (str[i]==' ') a[2]++;
      else a[3]++;
}
int main()
{   int b[4]={0},i;
    char s[80];
```

```
  gets(s);
  countnum(s,b);
  for(i=0;i<4;i++)
    printf("%5d",b[i]);
}
```

运行结果：

```
djfkdsfj kfj3543 fdsa453 $^%^&
   15    7    3    6
```

【说明】 这里的实参和形参的结合过程和前面是一样的,实参数组 b 和形参数组 a 共用同一段存储单元,调用函数时,数组 b 将 4 个 0 传给数组 a 中的 4 个元素;函数中数组 a 中的 4 个元素分别存放各类字符的个数,数组 b 中的 4 个元素的值和数组 a 中的元素值同步变化;函数调用结束后,数组 a 所占的存储单元被释放,数组 b 中存放的是函数调用之后得到的结果。这是从函数调用中得到多个值的一种方法,还可以使用全局变量及指针作为形参这两种方法从函数调用中得到多个值。

【例 6.13】 调用函数实现将一个 3 行 3 列的矩阵转置。

【分析】 必须已知一个 3 行 3 列的矩阵,所以形参使用一个 3 行 3 列的二维数组,求得的结果是转置后的矩阵,也是一个二维数组,这个结果可以通过实参和形参共用同一段地址完成,所以函数不需要返回值,函数类型定义为 void,函数名定义为 convert。程序如下:

```
#include "stdio.h"
int main()
{   int a[3][3],i,j,t,k=1;
    void convert(int a[3][3]);
    for(i=0;i<3;i++)
      for(j=0;j<3;j++)
        a[i][j]=k++;                    /* 给数组有规律地赋值为 1,2,3,4,5,6,7,8,9 */
    printf("The oringnal array :\n");
    for(i=0;i<3;i++)                     /* 下面 5 行程序段输出原始矩阵 */
      {for (j=0;j<3;j++)
         printf("%4d",a[i][j]);
       printf("\n");
      }
    convert(a);                          /* 调用函数 */
    printf("The changed array :\n");
    for(i=0;i<3;i++)
      {for (j=0;j<3;j++)
         printf("%4d",a[i][j]);
       printf("\n");
      }
}
```

```
void convert(int a[3][3])
{   int i,j,t;
    for(i=0;i<3;i++)
      for(j=0;j<i;j++)
        {t=a[i][j];a[i][j]=a[j][i];a[j][i]=t;}
}
```

以上程序两次输出了二维数组,可以将输出数组的部分用函数完成。程序如下:

```
#include "stdio.h"
void print(int a[3][3])
{   int i,j;
    for(i=0;i<3;i++)
      {for (j=0;j<3;j++)
        printf("%4d",a[i][j]);
       printf("\n");
      }
}
int main()
{   int a[3][3],i,j,t,k=1;
    void convert(int a[3][3]);
    for(i=0;i<3;i++)
      for(j=0;j<3;j++)
        a[i][j]=k++;
    printf("The oringnal array :\n");
    print(a);
    convert(a);                         /* 调用函数 */
    printf("The changed array :\n");
    print(a);
}
void convert(int a[3][3])
{   int i,j,t;
    for(i=0;i<3;i++)
      for(j=0;j<i;j++)
        {t=a[i][j];a[i][j]=a[j][i];a[j][i]=t;}
}
```

【说明】 用多维数组名作函数实参和形参,在被调函数中定义形参数组时可以指定每维的大小,也可以省略第一维的大小说明。例 6.13 中 convert 的函数头可以写成 void convert(a[][3]),但是第二维的大小说明不能省略。

【例 6.14】 实现学生成绩管理系统 2.0 版。

【分析】 系统的主要功能包括姓名和成绩的录入、成绩查询、成绩排序等。

```
#include "stdio.h"
#include "string.h"
```

```
#define N 30
#define M 3
int a[N][M];
char name[N][30];
void print();
void in()                              /*输入姓名和成绩*/
{   int i,j;
    for(i=0;i<N;i++)
     {gets(name[i]);
      for(j=0;j<M;j++)
      scanf("%d",&a[i][j]);}
    getchar();
    printf("shujushurujieshu\n");
    print();
}
void query(char nam[])                 /*根据姓名查询成绩*/
{   int i,j;
    for(i=0;i<N;i++)
        if(strcmp(nam,name[i])==0)
        { puts(name[i]);
          for(j=0;j<M;j++)
            printf("%5d",a[i][j]);
          printf("\n");
          break;
        }
    if(i==N) printf("查无此人\n");
}
void sort(int b[],int n)               /*按成绩排序的同时交换相应的姓名*/
{   int i,j, t;
    char s[30];
    for (i=0;i<n-1;i++)
      for (j=0;j<n-1-i;j++)
        if (b[j]<b[j+1])
          { t=b[j];strcpy(s,name[j]);
            b[j]=b[j+1]; strcpy(name[j],name[j+1]);
            b[j+1]=t;   strcpy(name[j+1],s);
          }
}
void px(int j)                         /*按第j科成绩排序*/
{   int i,b[N];
    for(i=0;i<N;i++)
      b[i]=a[i][j];
    sort(b,N);
    printf("\n");
```

```
      for(i=0;i<N;i++)
        printf("%20s%6d\n",name[i],b[i]);
}
void p()
{   int i,j,b[N];
    for(i=0;i<N;i++)
      {   b[i]=0;
          for(j=0;j<M;j++)
          b[i]+=a[i][j];
       }
    sort(b,N);
    printf("\n");
    for(i=0;i<N;i++)
      printf("%20s%6d\n",name[i],b[i]);
}
void calc()                          /*按不同的选择排序*/
{   int i;
    int choos;
    printf("---------------选择排序内容---------------\n");
    printf("----------------------------------------\n");
    printf("       1: 单科排序                        \n");
    printf("       2: 按总分排序                      \n");
    printf("       0: 退出                            \n");
    printf("       请选择    0-2                      \n");
    printf("----------------------------------------\n");
    scanf("%d",&choos);
    switch(choos)
      {
        case 1: printf("输入按第几科排序的数字"); scanf("%d",&i);px(i);break;
        case 2: p();break;
        case 0: exit(0);
      }
}
void print()                         /*输出全部成绩*/
{   int i,j;
    for(i=0;i<N;i++)
      {   for (j=0;j<M;j++)
          printf("%4d",a[i][j]);
          printf("\n");
      }
}
void edt()
{}
int main()
```

```
{   int sel;
    int a[N];
    char s[30];
    do
      {
      printf("-------学生成绩管理系统-------\n");
      printf("------------------------\n");
      printf("          1: 成绩录入               \n");
      printf("          2: 成绩查询               \n");
      printf("          3: 成绩排序               \n");
      printf("          4: 成绩管理               \n");
      printf("          5: 成绩输出               \n");
      printf("          0: 退出                 \n");
      printf("          请选择    0-5            \n");
      printf("------------------------\n");
      scanf("%d",&sel);getchar();
      switch(sel)
        {
        case 1: in();break;
        case 2: printf("shuruxingming\n");gets(s);query(s);break;
        case 3: calc();break;
        case 4: edt( );break;
        case 5: print();break;
        case 0: exit(0);
        }
      }while(1);
}
```

【说明】 本例程序较长,运行结果会很长,所以这里略去运行结果,读者可以参照本程序和前面的例题运行本程序并分析程序的运行结果,考虑还能从哪些方面进一步完善本程序的功能,使其具有更广泛的适用性。本程序的功能仍然比较有限,姓名和成绩分别存放在数组中,处理起来不太方便,等学习了结构体类型之后,就会有更好的解决办法了。

通过对例 6.14 进行模块划分,理解模块化设计思想并不是将所有代码都写在主函数中,而是采用分而治之的方式用多个函数分别完成。如同生活和工作中的统筹工作,任何事情仅靠单打独斗很难成功,一定要增强团队合作意识,通过合作取长补短、互利互进,达到事半功倍的效果。

6.6 变量的存储类别

在前面的程序中,几乎每个程序都用到了变量。提到变量,最先想到的就是变量名,变量必须先定义、后使用,定义变量时要规定变量的名字和数据类型,数据类型决定了变量的取值范围和施加的运算种类。除此之外,还需要考虑变量的作用域和生存期,变量的作用域是指变量在哪个范围内可以被使用,变量的生存期是指变量在何时可用、何时不可用。

6.6.1 变量的作用域与生存期

1. 局部变量与全局变量

在 C 语言中,定义在函数内部的变量都是局部变量,在主函数内定义的变量也是局部变量,也可以在一个复合语句(被一对花括号"{}"括起的语句块)内定义局部变量。在函数外部定义的变量称为全局变量。一般来说,变量在什么范围内定义,就在什么范围内有效,变量的作用域为从定义点开始到这个范围的结束。

当局部变量和全局变量同名时,只有局部变量有效,即局部变量会屏蔽全局变量。

2. 动态变量和静态变量

程序运行时,内存中分为代码区和数据区两部分,而数据区又分为静态存储、动态存储区和自动存储区三部分。

在函数内部定义变量时,不加任何说明的变量在执行函数时才为其在自动存储区分配存储单元。函数调用结束后,分配的存储单元会被释放,下次调用时再重新分配存储单元。定义时不加任何说明的变量都是自动存储的,这类变量在定义之后且未经赋值时,其值是不确定的。

静态存储区是在程序编译期间分配的存储区,在静态存储区被分配存储空间的变量在整个程序执行期间会一直占据固定的存储单元,程序结束后,存储单元才会被释放。静态存储区的变量在定义时会自动初始化为 0。全局变量是静态存储的;另外,定义局部变量时在其前面加关键字 static 表示是静态存储的。

动态存储区是可以由程序控制分配和管理的区域,第 9 章将介绍申请和释放内存空间的函数。

6.6.2 变量的存储类别

在 C 语言中,具体的存储类别有自动(auto)、寄存器(register)、静态(static)及外部(extern)四种。静态存储类别与外部存储类别的变量存放在静态存储区,自动存储类别的变量存放在动态存储区,寄存器存储类别的变量直接送到寄存器。

1. 自动存储类型

在函数内部用关键字 auto 声明(auto 通常省略),函数内部定义的变量属于局部自动变量。

2. 寄存器存储类型

register 的作用是声明寄存器存储自动变量,通常将使用频率较高的变量定义为寄存器变量,如循环变量。

C 语言标准没有对寄存器类型做统一规定,如果系统因条件所限而不能满足程序对寄存器个数的要求,则系统会自动将其处理成自动类型变量。

3. 静态存储类型

1)静态局部类型

在函数内部使用关键字 static 声明,也称静态局部变量。

此类变量在定义之后会自动初始化为 0,函数调用结束后,其所占的存储单元不会被释放,因此可以保留函数调用之后的值,再次调用这个函数时,可以继续使用此类变量的值。

【例 6.15】 读程序,写结果。

```c
#include "stdio.h"
float fac(int n)
{   static float f=1;
    f=f*n;
    return(f);
}
int main()
{   int i;
    for(i=1;i<=5;i++)
    printf("%d!=%5.1f\n", i,fac(i));
}
```

运行结果:

```
1!=1.0
2!=2.0
3!=6.0
4!=24.0
5!=120.0
```

【说明】

(1)局部静态变量在静态存储区内分配存储单元,整个程序运行期间不释放。

(2)局部静态变量编译时赋初值一次,以后每次调用不再重新赋初值,而是保留上一次函数调用结束时的值。

(3)局部静态变量定义时不赋初值,编译时自动赋初值 0。

(4)局部静态变量不能被其他函数引用。

2)静态全局类型

在函数外部使用关键字 static 声明的变量,也称静态外部变量或静态全局变量。全局变量前加关键字 static 的作用不是规定其存储在静态存储区,因为全局变量本来就是存放在静态存储区的,而是规定静态全局变量不可以被其他文件中的函数调用,即限制它的作用域只在本文件内。

　　C 语言程序可以存储在多个文件中,对于多文件程序的编译和链接,多数编译环境都提供了项目管理(project)功能。

4. 外部存储类型

　　大型项目可能包含很多源文件以分别实现,最终整合在一起。有时一个源文件需要调用其他源文件中的函数。调用外部函数之前,需要在当前源文件中声明外部函数。

　　声明外部函数的方式是在函数类型前面添加关键字 extern,例如:

```
extern int functionA(int x, int y);
```

　　C 语言规定,定义一个函数时可以在函数类型前加关键字 extern,作用是表明本函数可以被其他文件中的函数调用;也可以不加关键字 extern,默认也是外部函数。

　　【例 6.16】　外部变量的使用。

　　本例由 3 个文件组成,文件 1(file1.c)中定义了主函数,它需要调用文件 2(file2.c)中定义的 add 函数以计算两数之和,需要调用文件 3(file3.c)中定义的 sub 函数以计算两数之差。

　　程序如下。

　　1) file1.c 代码

```
#include <stdio.h>
extern int add(int x, int y);
extern int sub(int x, int y);
int main()
{
    int a,b;
    printf("please input two number:");
    scanf("%d,%d", &a, &b);
    printf("%d + %d = %d\n", a, b, add(a,b));
    printf("%d - %d = %d\n", a, b, sub(a,b));
    return 0;
}
```

　　2) file2.c 代码

```
#include <stdio.h>
int add(int x, int y)
{
    return x+y;
}
```

　　3) file3.c 代码

```
#include <stdio.h>
int sub(int x, int y)
```

```
{
    return x-y;
}
```

运行结果：

```
please input two number:10,5
10 + 5 = 15
10 - 5 = 5
```

【例 6.17】 用函数求一个班中 10 个学生的最高分、最低分和平均分。

【分析】 已知：10 个学生的成绩，用一维数组表示。

求：最高分、最低分和平均分 3 个值，从函数带回多个值的方法之一是将一个包含 3 个元素的数组定义为形参，用来传回值，数组中的元素要求是同一类型的；另一个方法是使用全局变量，函数用 return 语句只能返回一个值，可以让函数返回平均值，定义两个全局变量表示另外两个值，在函数中赋值，主调函数中可以使用这个值。

程序如下：

```
int imax,imin;
#include "stdio.h"
float aver(int s[],int n)
{   float ave=0;
    int i;
    imax=imin=ave=s[0];
    for(i=1;i<n;i++)
      {ave=ave+s[i];
       if(imax<s[i]) imax=s[i];
       if(imin>s[i]) imin=s[i];
      }
    ave=ave/n;
    return ave;
}
int main()
{   int i, a[10]={66,78,98,67,81,76,92,56,88,78};
    float av;
    av=aver(a,10);
    printf("max=%d,min=%d,aver=%.2f\n",imax,imin,av);
}
```

运行结果：

```
max=98,min=56,aver=78.00
```

6.7　小　　结

1. 函数部分

本章的重点内容为函数的定义和调用,定义函数之前要分析完成函数功能所必需的已知条件和函数求出的结果,这两项内容决定了函数头如何定义。通常将必须已知的内容要定义成形参,而有时待求的结果也要放在形参中。函数返回值可以通过 return 语句带回,但如果想从函数中带回多个值,则可以使用数组名作函数参数,通过实参数组和形参数组的地址结合得到多个变化的值。另外,也可以使用全局变量从函数调用中得到多个变化的值。

函数调用的一般形式是函数名(实参),实参和形参必须在个数、顺序、类型上一一对应。当函数的形参是简单变量时,对应的实参可以是常量、变量、数组元素及表达式;当函数的形参是数组名时,对应的实参可以是数组名,也可以是某数组元素的地址。

如果函数的返回值不是整型且定义在主调函数之后,那么就需要在主调函数中声明被调函数的类型,否则编译时会出现重复定义类型不匹配的错误。

如果在定义函数时调用了函数,即自己调用了自己,则这就是递归函数。定义递归函数时,一定要保证有终止递归的条件。

2. 变量的存储类别

1) 按作用域分为局部变量和全局变量

局部变量
- 动态局部变量(离开函数,值就消失)
- 静态局部变量(离开函数,值仍保留)
- 寄存器变量(离开函数,值就消失)
- (形式参数可以定义为自动变量或寄存器变量)

全局变量
- 静态外部变量(只限本文件引用)
- 外部变量(非静态外部变量,允许其他文件引用)

2) 按存在时间分为自动存储和静态存储

静态存储在整个程序运行期间都存在。

自动存储
- 自动变量(本函数内有效)
- 寄存器变量(本函数内有效)
- 形式参数

静态存储
- 静态局部变量(本函数内有效)
- 静态外部变量(本文件内有效)
- 外部变量(其他文件可引用)

自动存储是指在调用函数时临时分配存储单元。

3) 作用域和生存期的概念

(1) 自动变量和寄存器变量的作用域和生存期一致,离开函数后,变量值不存在,不能被引用。

（2）静态外部变量和外部变量的作用域和生存期一致，离开函数后，变量值仍存在，可被引用。

（3）静态局部变量的作用域和生存期不一致，离开函数后，变量值仍存在，但不能被引用。

4）关键字 static 对局部变量和全局变量的作用

（1）对局部变量：使动态存储变为静态存储。

（2）对全局变量：使变量局部化，但仍为静态存储。

（3）凡有关键字 static 说明的，其作用域都是局部的。

习 题 6

一、选择题

1. 数组名作为函数参数传递给函数，作为实参的数组名将被处理为_____。
   A. 该数组的长度　　　　　　　　　B. 该数组的元素个数
   C. 该数组中各元素的值　　　　　　D. 该数组的首地址
2. C 语言规定，调用函数时实参变量和形参变量之间的数据传递是_____。
   A. 地址传递　　　　　　　　　　　B. 值传递
   C. 由实参和形参双向传递　　　　　D. 由用户指定传递方式

二、阅读程序，写出运行结果

1.

```
#include "stdio.h"
int main()
{   int k=4,m=1,p;
    p=func(k,m);
    printf("%d,",p);
    p=func(k,m);
    printf("%d\n",p);
}
func(int a,int b)
{   static int m,i=2;
    i+=m+1;
    m=i+a+b;
    return(m);
}
```

2.

```
#include "stdio.h"
```

```
static int a=5;
int main()
{   printf("a=%d\n",a);
    p1();
    p2();
}
void p1()
{   printf("a*a=%d\n",a*a);
    a=8;
}
void p2()
{   printf("a*a*a=%d\n",a*a*a);
}
```

3.

```
#include "stdio.h"
int main()
{ char str[]="abcdef";
  abc(str);
  printf("str[]=%s\n",str);
  }
abc(str)
char str[];
{   int a,b;
    for (a=b=0;str[a]!='\0';a++)
        if (str[a]!='c')
            str[b++]=str[a];
    str[b]='\0';
}
```

4.

```
#include "stdio.h"
int main()
{   int i;
    for(i=1;i<=3;i++)
    {   prt2();
        printf("\n\n");
    }
}
prt1()
{   printf("******\n");}
prt2()
{   prt1();
    printf("######\n");
```

```
        prt1();
    }
```

三、程序填空

编写一个函数,求出一个给定数字的所有因子,如 $72=2×2×2×3×3$。

```
#include<stdio.h>
void prinzi(js,yz)
int js,yz[100];
{
    int i,j,k;
    yz[0]=1;
    j=0;
    for (i=2;   (1)   ;i++)
    {
        while(   (2)   )
        {   (3)   ;yz[j]=i;js=js/i; }
    }
    if (js!=1)
        {j++;yz[j]=js; }
    yz[99]=j;
}
int main()
{   int i,js,yz[100];
    scanf("%d",&js);
    printf("%d%c",js,'=');
    prinzi(js,yz);
    for (i=0;   (4)   ;i++)
        printf("%d%c",yz[i],'*');
    printf("%d",yz[yz[99]]);
}
```

四、编程题

1. 用随机函数产生 5 组 3 位正整数,每组 10 个数,调用函数打印每组数,并编写函数求出每组数中的最大数。

2. 编写一个函数,将一个十进制数转换成十六进制数,结果放在一个字符数组中。

3. 编写一个计算 n 个数之积的递归函数,在主程序中读入具有 5 个元素的整型数组,然后调用该函数,求出数组元素之积。

4. 编写一个程序,读入具有 5 个元素的浮点型数组,然后调用一个函数,递归地找出其中的最大元素,并指出它的位置。

第7章

编译预处理

本章重点

- 有参宏定义的使用方法。
- 文件包含的使用方法。

编译预处理是指在编译前对源程序进行的一些预加工。预处理是指在进行编译的第一遍扫描之前所做的工作。预处理是 C 语言的一个重要功能,它由编译系统中的预处理程序按源程序中的预处理命令执行。

C 语言的预处理命令均以"#"开头,末尾不加分号,以区别于 C 语句。在此之前,常用的由 # include、# define 开始的程序行就是编译预处理命令行。

C 语言提供了多种预处理功能,如宏定义、文件包含、条件编译等。合理地使用预处理功能能使编写的程序便于阅读、修改、移植和调试,也有利于模块化程序设计。本章将介绍常用的几种预处理功能。

7.1 宏 定 义

在 C 语言源程序中,允许用一个标识符表示一个字符串,称为宏。被定义为宏的标识符称为宏名。在编译预处理时,对于程序中的所有宏名,都用宏定义中的字符串替换,称为宏替换或宏展开。

宏定义是由源程序中的宏定义命令完成的,宏替换是由预处理程序自动完成的。在 C 语言中,宏分为无参数和有参数两种。下面分别讨论这两种宏的定义和调用。

7.1.1 无参宏定义

无参宏定义的宏名后没有参数,其定义的一般形式为

#define 标识符 字符串

作用:用一个指定的标识符代表一个字符串。

例如:

```
#define PI 3.1415926
```

其中的"#"表示这是一条预处理命令,define 为宏定义命令,"标识符"为定义的宏名,"字符串"可以是常数、表达式、格式串等。前面介绍过的符号常量的定义就是一种无参宏定义。

【例 7.1】 输入半径,求对应圆的周长、面积和对应球的体积。

程序如下:

```
#define PI 3.1415926
#define PR printf
#include "stdio.h"
int main()
{    float r,l,s,v;
     scanf("%f",&r);
     l=2*PI*r;
     s=PI*r*r;
     v=4.0/3*PI*r*r*r;
     PR("%f,%f,%f\n",l,s,v);
}
```

运行结果:

```
3
18.849556,28.274334,113.097336
```

【说明】

(1) 宏名一般用大写形式,以与变量名相区别,但也可用小写形式。

(2) 宏替换只是简单的字符串替换,不做语法检查,可以层层替换。

(3) 宏定义不是 C 语句,末尾不能加";",否则会连";"一起替换。

(4) 宏定义必须写在函数之外,其作用域为从宏定义命令到源程序结束。如果要终止其作用域,可使用"#undef 宏名"进行终止。

(5) 若用引号将宏名在源程序中括起来,则预处理程序不对其做宏替换。

(6) 宏定义允许嵌套,在宏定义的字符串中可以使用已定义的宏名,在宏展开时由预处理程序层层替换。

【例 7.2】 用宏定义求圆的周长与面积。

程序如下:

```
#define R 5
#define PI 3.1415926
#define L 2*PI*R
#define S PI*R*R
#define PR printf
#include "stdio.h"
int main()
```

```
{   PR("L=%f,S=%f\n",L,S);
}
```

运行结果：

```
L=31.415926,S=78.539185
```

7.1.2　有参宏定义

　　C 语言允许宏带有参数。宏定义中的参数称为形式参数,宏调用中的参数称为实际参数。对于带有参数的宏,在调用中不仅要宏展开,而且要用实参代替形参。

　　有参宏定义的一般形式为

　　#define 宏名(形参表) 字符串

　　有参宏调用的一般形式为

　　宏名(实参表)

　　【例 7.3】　有参宏举例。

　　程序如下:

```
#define SQ(y) y*y
#include "stdio.h"
int main()
{   int x,sq;
    scanf("%d",&x);
    sq=SQ(x);
    printf("sq=%d\n",sq);
}
```

　　运行结果:

```
3
sq=9
```

　　【说明】

　　(1) 有参宏定义中,宏名和形参表之间不能有空格,各形参之间用逗号隔开。

　　(2) 在有参宏定义中,形参不分配内存单元,因此不必做类型定义。而宏调用中的实参有具体的值,要用它们替换形参,因此必须做类型说明。

　　(3) 在宏定义中,字符串内的形参和整个表达式通常要用括号括起来,以避免出现二义性;此例中,若实参是表达式,则定义时应为形参加一对括号,否则有时会出现二义性。

　　例如 SQ(x+5)宏展开为 x+5*x+5。

　　运行结果变为 sq=23,而不是 sq=64,这就是宏展开的特点。

　　(4) 宏展开只是简单的参数替换,不能人为添加括号。

　　(5) 有参数的宏定义与函数的区别:

① 函数调用时先求实参的值,再传递给形参,而宏定义只是简单的实参替换形参;

② 函数调用时分配临时内存单元,而预处理在编译时进行,不占用内存单元;

③ 函数要求形参和实参类型一致,宏定义不存在类型的概念。

7.2 文 件 包 含

文件包含是指一个文件可以将另一个文件的全部内容包含进来。C 语言使用 ♯include 命令行实现文件包含功能,命令格式为

♯include "文件名"

或

♯include <文件名>

前面已多次使用此命令包含库函数的头文件,例如:

```
#include "stdio.h"
#include "math.h"
```

【说明】

(1) ♯include 命令行通常书写在所用文件的开头,有时也把包含文件称为头文件。

(2) 一个 include 命令只能指定一个被包含文件,若有多个文件需要包含,则需要使用多个 include 命令。

(3) 包含可用"<>"或""""把文件名括起来,二者区别如下:使用尖括号表示在包含文件目录中查找(包含目录是由用户在设置环境时设置的),而不在源文件目录中查找;使用双引号则表示首先在当前的源文件目录中查找,若未找到,才到包含目录中查找。

(4) 文件包含允许嵌套,即在一个被包含文件中还可以包含另一个文件。

7.3 小 结

本章主要介绍了几种编译预处理功能,介绍了宏定义及文件包含的使用方法。

(1) 宏定义分为无参数的宏定义和有参数的宏定义。无参数的宏定义主要可以实现定义一个符号常量的作用;宏定义也可以带有参数,对于带有参数的宏,在调用中不仅要宏展开,而且要用实参代替形参,要注意有参宏的展开方法。

(2) 文件包含是指将一个文件的内容包含在另一个文件中,使用 ♯include 命令,这是程序设计时经常用到的一个编译预处理命令。

习　题　7

一、选择题

已知下面的程序段，正确的判断是_____。

```
#define A 3
#define B(a) ((A+1) * a)
        ...
    x=3 * (A+B(7));
```

A. 程序错误，不允许嵌套定义

B. x＝93

C. x＝21

D. 程序错误，宏定义不允许有参数

二、阅读程序，写出运行结果

1.

```
#define mac1(a)   a * a
#define mac2(b) (b) * (b)
# include "stdio.h"
int main()
{   int c,d;
    c=mac1(2+3);
    printf("mac1:%d\n",c);
    d=mac2(2+3);
    printf("mac2:%d\n",d);
}
```

2.

```
#define TOLOWER(ch) ((ch)>='A'&&(ch)<='Z')?(ch)+'a'-'A':(ch)
# include "stdio.h"
int main()
{   char ch;
    printf("please enter string, CTRL+Z abort");
    do
      {   ch=getchar();
          ch=TOLOWER(ch);
          printf("%c",ch);
      }while(ch!=EOF);
}
```

输入数据是

ABCDEFG^Z

注意：EOF 是符号常量，代表－1；在输入"^Z"时，要同时按 Ctrl 和字母 Z 这两个键，这两个键代表－1。

三、编程题

定义一个宏，交换两个参数的值。

第 8 章

chapter **8**

指　针

本章重点

- 指针和指针变量的概念,指针变量的特点。
- 指针变量的使用方法。
- 指针作函数参数的使用方法。
- 指针和数组的关系,用指针处理数组的方法。
- 用指针处理字符串的方法。

8.1　变量、地址与指针概述

　　指针是 C 语言中广泛使用的一种数据类型。运用指针编程是 C 语言的主要风格之一。利用指针变量可以表示各种数据结构,能很方便地使用数组和字符串,并能像汇编语言一样处理内存地址,从而编写出精练而高效的程序。指针极大地丰富了 C 语言的功能,学习指针是学习 C 语言的重要一环,能否正确理解和使用指针是能否掌握 C 语言的一个标志。在学习中,除了要正确理解指针的基本概念,还必须要多编程、上机调试。

　　在前面介绍变量时曾提到:一个变量实质上代表了"内存中的某个存储单元"。计算机的内存是以字节为单位的连续存储空间,每个字节都有一个唯一的编号,这个编号称为内存地址,就像宾馆的每个房间都有一个房间号一样,没有房间号,宾馆的工作人员就无法进行有效管理;同理,没有内存字节的编号,系统就无法对内存进行管理。因为内存的存储空间是连续的,所以内存中的地址编号也是连续的,并且用二进制数表示,为了表示方便,本书采用十进制数进行描述。

　　在计算机中,所有数据都是存放在存储器中的。若在程序中定义了一个变量,C 语言编译系统就会根据定义变量的类型为其分配一定字节的内存空间(如 int 占 2 字节、char 占 1 字节、float 占 4 字节、double 占 8 字节,等等),此时,这个变量的内存地址也就确定了。

　　例如,若有定义:

```
int x,y;
float z;
```

这时系统为 x 和 y 各分配 2 个连续字节的内存单元,为 z 分配 4 个连续字节的内存单元,如图 8.1 所示。图 8.1 中的内存地址号只是示意的字节地址,每个变量的地址是指该变量所占存储单元的第一个字节的地址。这里称 x 的地址为 2000,y 的地址为 2020,z 的地址为 2100。

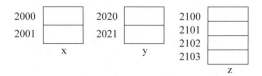

图 8.1　变量所占内存单元

通常,在程序中只需要指出变量名,无须知道每个变量的具体地址,每个变量与具体地址的联系由 C 语言编译系统自动完成。程序中对变量进行存取操作,实际上是对某个地址的存储单元进行操作。我们把这种直接按变量的名字存取变量值的方式称为直接存取方式。但这种方式有一定的局限性,如函数不能改变实参的值。

【例 8.1】　交换两个变量值的函数举例。

程序如下:

```
#include "stdio.h"
int swap(int x,int y)
{   int t;
    t=x;x=y;y=t;
}
int main()
{   int a=2,b=5;
    if(a<b) swap(a,b);
    printf("a=%d,b=%d\n",a,b);
}
```

运行结果:

```
a=2,b=5
```

可见,形参 x 和 y 的交换并没有改变实参 a 和 b 的值,这是因为函数的参数传递是单向值传递。为解决上述问题,可以使用另一种访问内存的方式——间接存取方式。

在 C 语言中,可以定义一种特殊的变量,这种变量专门用来存放其他变量的地址。

p　2000
　3000

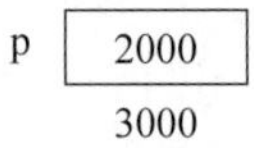

图 8.2　指针所占
　　　内存单元

如图 8.2 所示,假设定义了一个变量 p,它有自己的地址 3000。若将变量 x 的内存地址 2000 存放到变量 p 中,则当要访问变量 x 代表的存储单元时,可以先找到变量 p 的地址 3000,从中取出 x 的地址 2000,然后访问以 2000 为首地址的存储单元。这种通过变量 p 间接得到变量 x 的地址,然后存取变量 x 的值的方式称为间接存取方式。

专门存放地址的变量称为指针变量。因此,一个指针变量的值就是某个内存单元的地址。如图 8.3 所示,指针变量 p 指向了变量 x,变量 x 是变量 p 所指的对象。变量的地址也称变量的指针,是一个常量;而指针变量是指可以存放地址或指针的变量,但通常把指针变量简称为指针。为了避免混淆,书中约定:"指针"是指地址,是常量,"指针变量"是指取值为地址的变量。定义指针的目的是通过指针访问内存单元。既然指针变量的值是

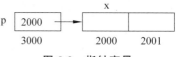

图 8.3 指针变量

一个地址,那么这个地址就可以是各种类型变量的地址,包括整型、浮点型、字符型变量的地址及数组或函数的地址,也可以是其他数据结构的地址。因此,引入指针可以极大地丰富程序的功能。

8.2 指 针 变 量

8.2.1 指针变量的声明

与其他变量一样,指针变量在使用前必须先定义。指针变量的定义包括以下三个内容:

(1) 指针类型说明,即定义变量为一个指针变量;

(2) 指针变量名;

(3) 变量值(指针)所指的变量的数据类型。

定义指针变量的一般形式为

类型标识符 ∗变量名;

其中,"∗"表示这是一个指针变量,变量名即为定义的指针变量名,变量名中不包括"∗";类型标识符表示该指针变量所指的变量的数据类型。

例如:

```
int * p1;
```

表示 p1 是一个指向整型变量的指针变量。

再如:

```
staic int * p2;          /*定义 p2 是指向静态整型变量的指针变量*/
float * p3;              /*定义 p3 是指向浮点型变量的指针变量*/
char * p4;               /*定义 p4 是指向字符变量的指针变量*/
```

需要注意的是,一个指针变量只能指向同一类型的变量。

8.2.2 指针变量的使用

在定义一个指针变量之后,可以对该指针变量进行各种操作,例如给一个指针变量赋予一个地址值、输出一个指针变量的值、访问指针变量所指的变量,等等。这些操作都需要利用与指针有关的两个运算符。

(1) "&"运算符:称为取地址运算符,是单目运算符,结合性为自右至左,功能是取

变量的地址,如 &a 的值为变量 a 的地址。

(2)"＊"运算符:称为指针运算符或指向运算符,也称间接运算符,是单目运算符,结合性为自右至左,若 p 为指针变量,则 ＊p 代表 p 所指的变量。

需要注意的是,指针运算符"＊"和指针变量说明中的指针说明符"＊"意义不同。在指针变量的定义中,"＊"表示其后的变量是指针类型;而表达式中出现的"＊"则是一个运算符,用来表示指针变量所指地址中的内容,即指针所指的变量的值。

1. 指针变量的赋值

未经赋值的指针变量没有确定的值,不能随便使用,否则将造成系统混乱,甚至"死机"。指针变量只能被赋予地址。

1)通过地址运算符获得地址值

设有指向整型变量的指针变量 p,如果要把整型变量 a 的地址赋予 p,则可以用以下方式:

```
int a;
int * p=&a;                    /＊ 指针变量初始化的方法 ＊/
```

或者

```
int a, * p;
p=&a;                          /＊ 赋值语句的方法 ＊/
```

2)通过指针变量获得地址值

可以通过赋值运算将一个指针变量中的地址值赋给另一个指针变量,从而使这两个指针变量指向同一地址。

例如:

```
int a=3, * p, * q;
p=&a;
q=p;
```

通过赋值语句"q＝p"使指针变量 q 也存放了变量 a 的地址,此时指针变量 p 和 q 同时指向了变量 a。

3)通过标准库函数获得地址值

C 语言中,可以通过调用标准库函数 malloc 和 calloc 在内存中开辟动态存储单元,可以把开辟的动态存储单元的地址赋给指针变量。有关这方面的内容将在第 9 章详细介绍。

2. 指针变量的使用

设有以下定义和语句:

```
int a=5,b;                     /＊定义两个整型变量 a 和 b,同时给变量 a 赋初值 5＊/
int * p, * q;                  /＊定义两个指向整型变量的指针变量 p 和 q＊/
```

```
p=&a;                           /* 将变量 a 的地址赋给指针变量 p */
q=&b;                           /* 将变量 b 的地址赋给指针变量 q */
scanf("%d",q);                  /* 向 q 所指的整型变量(b)输入一个整型值 */
printf("%4d", * p);             /* 将指针变量 p 所指的变量(a)的值输出 */
```

注意：一旦指针变量 p 和 a 通过"p＝&a;"建立联系，就有"＊p＜＝＞a"，即程序中凡是出现 a 的地方都可以换成 ＊p。例如：

```
printf("%4d", * p);
printf("%4d",a);
```

运行时都输出 a 的值为 5。

【例 8.2】　通过指针变量访问整型变量。

程序如下：

```
#include "stdio.h"
int main()
{   int a,b, * p1, * p2;
    a=8;b=6;
    p1=&a;p2=&b;
    printf("%4d%4d\n",a,b);
    printf("%4d%4d\n", * p1, * p2);
}
```

运行结果：

```
8   6
8   6
```

【说明】

（1）在开头处虽然定义了两个指针变量 p1 和 p2，但它们并未指向任何一个整型变量。程序第 5 行的作用是使 p1 指向 a，p2 指向 b，如图 8.4 所示。

（2）最后一行的 ＊p1 和 ＊p2 就是变量 a 和 b，最后两个 printf 函数作用相同。

（3）程序中有两处出现了 ＊p1 和 ＊p2，请注意区分它们的含义。

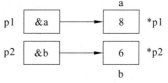

图 8.4　指针变量的指向

【例 8.3】　输入 a 和 b，按从小到大的顺序输出。

程序如下：

```
#include "stdio.h"
int main()
{   int a,b, * p=&a, * q=&b, * t;
    scanf("%d,%d",p,q);
    if(a<b) {t=p;p=q;q=t;}
    printf("a=%d,b=%d\n",a,b);
```

```
    printf("max=%d,min=%d\n", * p, * q);
}
```

运行结果：

```
1,16
a=1,b=16
max=16,min=1
```

8.2.3 指针运算

指针变量可以进行某些运算，但其运算种类是有限的，它只能进行赋值运算和部分算术运算及关系运算。

1. 赋值运算

前面已经介绍了几种赋值运算的方法，这里不再重复，还可以用其他方法对指针变量进行赋值。

（1）把数组的首地址赋予指针变量。

例如：

```
int a[5], * pa;
pa=a;                    /* 数组名表示数组的首地址,故可赋予指针变量 pa * /
```

也可写为

```
pa=&a[0];                /* 数组第一个元素的地址也是整个数组的首地址,也可赋予 pa * /
```

当然也可以采取初始化赋值的方法：

```
int a[5], * pa=a;
```

（2）把字符串的首地址赋予指向字符类型的指针变量。

例如：

```
char * pb;
pb="C Language";
```

或用初始化赋值的方法写为

```
char * pb="C Language";
```

这里需要说明的是，并不是把整个字符串装入指针变量，而是把该字符串的首地址赋予指针变量。

（3）把函数的入口地址赋予指向函数的指针变量。

例如：

```
int ( * pc)();
pc=f;                    /* f 为函数名 * /
```

2. 加减算术运算

对于指向数组元素的指针变量,可以加上或减去一个整数 n。设 pa 是指向数组 a 的指针变量,则 pa+n、pa-n、pa++、++pa、pa--、--pa 运算都是合法的。指针变量加或减一个整数 n 的意义是把指针指向的当前位置(指向某数组元素)向后或向前移动 n 个位置。应该注意,数组指针变量向前或向后移动一个位置和在地址值上加 1 或减 1 在概念上是不同的,因为数组可以有不同的类型,各种类型的数组元素所占的字节长度是不同的,如指针变量加 1,即向后移动 1 个位置,表示指针变量指向下一个数据元素的首地址,而不是在原地址的基础上加 1。

例如:

```
int a[5], * pa;
pa=a;                   /* pa 指向数组 a,也指向 a[0] * /
pa=pa+1;                /* pa 指向 a[1],即 pa 的值为 &pa[1] * /
```

指针变量的减运算只能对指向数组的指针变量进行,只有指向同一数组内的数组元素的两个指针变量之间才能进行减法运算,否则运算毫无意义。两个指针变量相减所得之差是两个指针所指数组元素之间相差的元素个数,实际上是两个指针值(地址)相减之差再除以该数组元素的长度(字节数)。

3. 两个指针变量进行关系运算

指向同一数组的两个指针变量进行关系运算可以表示它们所指数组元素之间的位置关系。

例如:

```
int * p1, * p2,a[10];
p1=p2=a;
```

如果关系表达式 p1==p2 为真,则表示 p1 和 p2 指向同一数组元素。

如果关系表达式 p1>p2 为真,则表示 p1 处于高地址位置,即 p1 所指的数组元素的下标大于 p2 所指的数组元素的下标,也即 p1 所指的数组元素在 p2 所指的数组元素之后。

如果关系表达式 p1<p2 为真,则表示 p1 所指的数组元素在 p2 所指的数组元素之前。

指针变量还可以与 0 比较,设 p 为指针变量,则 p=0 表示 p 是空指针,它不指向任何变量;p!=0 表示 p 不是空指针,空指针是由对指针变量赋予 0 值而得到的。

例如:

```
#define NULL 0
int * p=NULL;
```

对指针变量赋 0 值和不赋值是不同的。指针变量未赋值时,其值是不确定的,是不能使用的,否则将造成意外错误。而指针变量赋 0 值后,则可以使用,只是它不指向具体的变量。

8.2.4 二级指针与多级指针

1. 二级指针

一个指针变量可以指向一个整型数据,或一个浮点型数据,或一个字符型数据,也可以指向一个指针型数据。既然一个指针变量可以指向另一个变量,那么被指向的变量就可以是任意类型的。如果一个指针变量存放的是另一个指针变量的地址,则称这个指针变量为指向指针的指针变量。

图 8.5 二级指针

图 8.5 中的 p2 为指针变量,p1 称为指向指针型数据的指针变量,简称指向指针的指针,也称二级指针。定义一个"指向指针的指针"的方法如下:

类型标识符 ∗∗指针变量名

例如:

```
int **p1;
```

说明定义了一个指针变量 p1,它指向另一个指针变量(其中,该指针变量又指向一个整型变量),它是一个二级指针。如何使一个指针变量指向另一个指针变量呢?

【例 8.4】 二级指针举例。

程序如下:

```
#include "stdio.h"
int main()
{   int **p1, * p2,i=8;
    p2=&i;
    p1=&p2;
    printf("%d,%d,%d\n",i, * p2,**p1);
}
```

运行结果:

```
8,8,8
```

【说明】 这里的 p2 表示一级指针,p1 表示二级指针, ∗ p2 和∗∗p1 的值就是变量 i 的值。在编译时,变量 p1、p2 和 i 都分配了确定的地址,把 3 个变量形成一个指向另一个的关系可以用将一个变量的地址赋给一个指针变量的方法实现。但要注意,虽然 p1 和 p2 都是指针变量,且其值都是地址,但如果有以下赋值语句,则是错误的:

```
p1=&i;
```

p1 只能指向另一个指针变量,只能赋予一个指针变量的地址,而不能赋予整型变量的地址,即二级指针与一级指针是两种不同数据类型的数据,不可以互相赋值,尽管它们的值都是地址。

2. 多级指针

用一级指针引用变量的值要用一个"＊",用二级指针引用变量的值要用两个"＊"。例 8.4 中,要引用 i 的值,可以用 ＊ p2,也可以用 ＊＊p1。＊＊p1 表示 p1 所指的指针变量所指的数据。

从理论上说,还可以有多级指针,如图 8.6 所示,即 p1,p2,…,pn 均为指针变量,pn 指向一个整型变量 i,pn 以外的指针变量都是指向指针的指针,但它们的类型是不同的,其中,p1 是一个 n 级整型指针,p2 是一个 n−1 级指针,pn 是一个一级整型指针。

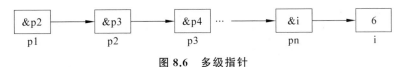

图 8.6　多级指针

【例 8.5】　多级指针举例。

程序如下:

```c
#include "stdio.h"
int main()
{   int ****p1,***p2,**p3, * p4,i=5;
    p4=&i;
    p3=&p4; p2=&p3; p1=&p2;
    printf("%d,%d\n",i,****p1);
}
```

运行结果:

5,5

多级指针使用起来容易出错,不提倡多用,一般用到二级指针就足够了。

8.3　指针与函数

8.3.1　函数参数的传值与传地址

在函数的学习时,已经清楚地知道 C 语言调用函数时虚实结合的方法就是采用"值传递"方式,当用变量名作为函数参数时,传递的是变量的值,接收的形参必须是同类型的变量;当用数组名作为函数参数时,由于数组名代表数组首元素的地址,因此传递的值是地址,所以要求形参为指针变量,也就说明了在函数发生参数传递时,作为实参的变量既可以是普通变量,也可以是变量的地址。如果是普通变量作为函数参数,传递的就是变量的值;如果是变量的地址作为函数参数,传递的就是该变量在内存中的地址。

【例8.6】 函数的地址传递举例。

程序如下：

```
#include "stdio.h"
int add(int * x,int * y)
{   int sum;
    sum= * x+ * y;
    return sum;
}
int main()
{   int a,b,s;
    scanf("%d%d",&a,&b);
    s=add(&a,&b);
    printf("%d+%d=%d \n",a,b,s);
}
```

运行结果：

```
3 5
3+5=8
```

【说明】

在此程序中，系统为 a 和 b 在内存中分配了两个临时的各占 2 字节的存储单元，主函

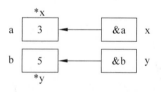

图 8.7   参数之间的传递

数调用 add 函数时，系统为 add 函数的形参 x 和 y 开辟了两个指向 int 类型的指针变量，并通过 &a、&b 把 a 和 b 的地址传送给它们，参数之间的关系如图 8.7 所示。这时，指针变量 x 指向变量 a，指针变量 y 指向变量 b，然后程序的流程转去执行 add 函数。

　　在 add 函数中，语句"sum= * x+ * y;"的含义是分别取指针变量 x 和 y 所指存储单元的内容，相加后存入变量 sum；实际上就是把主函数中变量 a 和变量 b 的值相加并存入变量 sum，所以 add 函数返回的是主函数中变量 a 和变量 b 的和。

　　由此程序可见，实参可以传递变量的地址，通过传送地址值，可以在被调函数中对主调函数中的变量进行引用。

8.3.2　指针作为函数参数

　　函数的参数不仅可以是整型、浮点型、字符型等数据，还可以是指针类型的数据，它的作用是将一个变量的地址作为实参传送到另一个函数中，而作为形参的变量一般使用指针。

【例8.7】　同例 8.1，交换两个变量的值，用指针类型的数据作为函数参数。

程序如下：

```
#include "stdio.h"
void swap(int * x,int * y)
```

```
{   int t;
    t= * x;
    * x= * y;
    * y=t;
}
int main()
{   int a,b, * p1, * p2;
    a=2;b=5;
    p1=&a;p2=&b;
    if(a<b) swap(p1,p2);
    printf("\n%d,%d\n",a,b);
}
```

运行结果:

5,2

【**说明**】 在此程序中,swap 是用户自定义的函数,它的作用是交换两个指针 x 和 y 所指的地址中的内容。swap 函数的形参 x、y 是指针变量。程序运行时,先执行主函数,系统在内存中给变量 a、b、p1 和 p2 分配临时存储单元,将 a 赋值为 2,b 赋值为 5,然后将 a 和 b 的地址分别赋给指针变量 p1 和 p2,使 p1 指向 a,p2 指向 b,如图 8.8 所示。然后执行 if 语句,由于 a<b,因此执行 swap 函数。注意,实参 p1 和 p2 是指针变量,在函数调用时,会将实参变量的值传递给形参变量。采取的依然是"值传递"方式,但传递的是地址值。因此,虚实结合后形参 x 的值为 &a,y 的值为 &b。这时,p1 和 x 指向变量 a,p2 和 y 指向变量 b,如图 8.9 所示。接着程序执行 swap 函数的函数体,使 * x 和 * y 的值互换,也就是使 a 和 b 的值互换,如图 8.10 所示。函数调用结束后,x 和 y 不复存在(已释放),如图 8.11 所示。最后在主函数中输出的 a 和 b 的值是已经交换后的值。

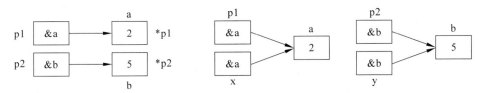

图 8.8 函数调用前的指针情况   图 8.9 函数调用时的参数传递

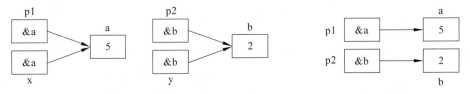

图 8.10 函数调用后的指针情况   图 8.11 函数调用结束后的指针情况

例 8.7 中,通过实参传送地址值可以在被调函数中对主调函数中的变量进行引用,这也就使得通过形参改变对应的实参的值成为可能,即通过传送地址值在被调函数中直接改变主调函数中的变量的值。利用此形式,就可以把两个或两个以上的数据从被调函数返回到主调函数,解决了被调函数通过 return 语句只能返回一个函数值的缺陷。

比较例 8.1 和例 8.7,在函数参数传递时,分别利用了参数传递的两种方式:传值和传址实现交换两个数,却得到两种不同的结果。由此可以想到古训"授人以鱼,不如授之以渔,授人以鱼只救一时之急,授人以渔则可解一生之需。"同样是传授,却因为传授的内容不一样使结果也不一样。因此,我们在学习时不仅要学习知识内容,更要掌握学习的方法,才能跟上时代的脚步。

【例 8.8】 用函数求 10 个学生的成绩中的最高分、最低分和平均分。

程序如下:

```c
#include "stdio.h"
float fun(int x[],int * p1,int * p2)
{   int i;
    float s=0;
    for(i=0;i<10;i++)
      {s=s+x[i];
       if(* p1<x[i]) * p1=x[i];
       else if(* p2>x[i]) * p2=x[i];
      }
    return s/10;
}
int main()
{   int i,a[10],max,min;
    float ave;
    for(i=0;i<10;i++)
      {  scanf("%d",&a[i]);
         printf("%4d",a[i]);
      }
    max=min=a[0];
    ave=fun(a,&max,&min);
    printf("\n ave=%6.2f,max=%d,min=%d",ave,max,min);
}
```

运行结果:

```
56  89  90  68  76  89  50  99  70  62
  56  89  90  68  76  89  50  99  70  62
ave=74.90,max=99,min=50
```

【说明】 fun 函数要得到 3 个返回值,而 return 语句只能带回一个,所以程序中用 &max 和 &min 作为实参,形参定义指针变量 p1 和 p2,用来接收实参值。在 fun 函数中,用 * p1 和 * p2 分别表示 10 个学生的成绩中的最高分与最低分,由于 * p1 代表 max,* p2 代表 min,即 fun 函数求出的最高分和最低分会分别直接存放在 max 和 min 中,因此不需要函数返回这两个值,fun 函数只要返回这 10 个学生的平均分即可。

8.3.3　指针作为函数返回值

前面介绍过,函数类型是指函数返回值的类型。在 C 语言中,一个函数的返回值不仅可以是简单的数据类型,还可以是一个指针(地址)类型,这种返回指针值的函数称为指针型函数。

定义指针型函数的一般形式为

类型标识符　＊函数名 (形参表)

{

　　　函数体

}

其中,函数名之前的"＊"表明这是一个指针型函数,即函数返回值是一个指针。"类型标识符"表示返回的指针值所指的数据类型。

【例 8.9】　输出两个数中的较大数。

程序如下:

```
#include "stdio.h"
int fun(int * x,int * y)
{   if (* x> * y)   return x;
    else return y;
}
int main()
{   int a,b, * p, * p1, * p2;
    scanf("%d%d", &a, &b);
    p1=&a;p2=&b;
    p= fun(p1,p2);
    printf("a=%d,b=%d,max=%d\n",a,b, * p);
}
```

运行结果:

```
10 20
a=10,b=20,max=20
```

【说明】　本例定义了一个指针型函数 fun,它的返回值是指向一个整型变量的指针(整型变量的地址)。

8.3.4　指向函数的指针

在 C 语言中,一个函数总是占用一段连续的内存单元,该函数所占内存单元的首地址由函数名代表。可以把函数的这个首地址(或称入口地址)赋予一个指针变量,使该指针变量指向该函数,然后通过指针变量就可以找到并调用这个函数。这种指向函数的指针变量称为函数的指针变量。

1. 指向函数的指针变量的定义

指向函数的指针变量定义的一般形式为

类型标识符 (＊指针变量名)();

其中,"类型标识符"表示被指函数的返回值类型;"(＊ 指针变量名)"表示"＊"后面的变量是定义的指针变量;最后的"()"表示指针变量所指的是一个函数。

例如:

```
int (＊pf)();
```

表示 pf 是一个指向函数的指针变量,该函数的返回值(函数值)是整型。

【例 8.10】 指向函数的指针的使用。

程序如下:

```
#include <stdio.h>
int main()
{
    int min(int,int);
    int (＊p)(int,int);
    int x,y,z;
    printf("please input two integer number:");
    scanf("%d,%d",&x,&y);
    p=min;
    z=(＊p)(x,y);
    printf("\n min(%d,%d) is : %d",x,y,z);
    return 0;
}
int min(int a,int b)
{
    return (a<b)?a:b;
}
```

运行结果:

```
please input two integer number:5,3
min(5,3) is : 3
```

从程序运行结果来看,一个函数既可以通过函数名调用,也可以通过一个指向该函数的指针调用,结果都是相同的,但使用指针会给程序带来极大的灵活性。

关于指向函数指针的几点说明:

(1) 函数既可以通过函数名调用,也可以通过指向函数的指针调用;

(2) 当指向函数的指针变量未被赋值时,不是具体指向某一个函数,而是指向一个函数族;当该变量被赋值后,就具体指向该函数;

(3) 给指向函数的指针赋值时,只需要给出函数名,即函数的入口;

(4) 用指向函数的指针调用函数有两种形式,一种是用＊p代替函数名,另一种是直

接用指针变量代替函数名,二者作用相同,但后者更直观;例 8.10 中的函数调用语句"z=
(∗p)(x,y)"也可写作"z=p(x,y)";

(5) 函数的入口只有一个,所以不能对函数的指针变量做＋＋、－－运算,这些运算
毫无意义。

2. 函数名或指向函数的指针变量作为实参

函数名或指向函数的指针变量可以作为实参传送给函数。这时,对应的形参应是指
向函数的指针变量。

【例 8.11】 通过给 tanss 函数传递不同的函数名求 tan(x)和 cot(x)的值。
程序如下:

```c
#include "math.h"
#include "stdio.h"
double tanss(double (*f1)(double), double (*f2)(double),double x)
{
    return (*f1)(x)/(*f2)(x);
}
int main()
{   double x,y;
    x=30 * 3.14159/180;
    y=tanss(sin,cos,x);
    printf("tan(30)=%10.6f\n",y);
    y=tanss(cos,sin,x);
    printf("cot(30)=%10.6f\n",y);
}
```

运行结果:

```
tan(30)=0.577350
cot(30)=1.732053
```

【说明】 tanss 函数有 3 个形参 f1、f2 和 x。其中,f1 和 f2 是两个指向函数的指针变
量,它们所指函数的返回值必须是 double 类型,所指函数有一个 double 类型的形参。第
3 个形参 x 是 double 类型的简单变量。

程序运行时,x 的值是 30°的角,在第一次调用时,把库函数 sin 的地址传送给指针
f1,把库函数 cos 的地址传送给指针 f2,tanss 函数的返回值是 sin(x)/cos(x);在第二次
调用时,把库函数 cos 的地址传送给指针 f1,把库函数 sin 的地址传送给指针 f2,tanss 函
数的返回值是 cos(x)/sin(x)。

8.4 指针与数组

在 C 语言中,数组和指针有着紧密的联系,凡是由数组下标完成的操作均可用指针
实现。我们已经知道,要想实现对数组的操作,就要定位数组元素,以前使用的方法是通

过数组的下标实现数组元素的定位,但一个优秀且熟练的 C 程序员使用得更多的方法是利用指针访问数组元素,这是因为使用指针处理数组既高效又方便。

8.4.1 一维数组与指针

1. 定义指向一维数组元素的指针变量

一个数组是由连续的内存单元组成的,数组名就是这块连续内存单元的首地址,一个数组也是由各个数组元素组成的,每个数组元素按其类型的不同占用多个连续的内存单元,一个数组元素的首地址也是指它占用的内存单元的首地址。数组的指针是指数组的起始地址,数组元素的指针是指数组元素的地址。

定义一个指向数组元素的指针变量的方法,与以前介绍的指针变量相同。

例如:

```
int a[10];              /*定义 a 为包含 10 个整型数据的数组*/
int *p;                 /*定义 p 为指向整型变量的指针*/
p=&a[0];                /*将数组 a 的第 0 个元素地址赋给指针变量 p*/
```

注意:因为数组为 int 型,所以指针变量也应为指向 int 型的指针变量。

把 a[0]元素的地址赋给指针变量 p,也就是说,p 指向数组 a 的第 0 个元素。

C 语言规定,数组名代表数组的首地址,即 a[0]的地址,因此"p=a;"同样可以让 p 指向 a[0]。

在定义指针变量时,可以赋初值:

```
int a[10], *p=a;
```

经过上面的定义后,就可以使用指针 p 对数组进行访问了。例如,要想表示 a[0],用 *p 就可以了。

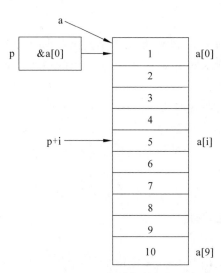

图 8.12 指针与数组

当 p 初始化为数组的首地址后,根据指针加法运算规则,p+i 指向的就是数组的第 i 个元素 a[i],即 p+i 等价于 &a[i],*(p+i)等价于 a[i]。

从图 8.12 中可以看出:p、a 和 &a[0]均指向同一单元,它们是数组 a 的首地址,也是 0 号元素 a[0]的地址。需要说明的是,p 是变量,而 a 和 &a[0]都是常量,在编程时应予以注意。

2. 通过指针引用数组元素

若有如下定义:

```
int a[10];
int *p=a;
```

引入指针变量后,通过指针变量 p 引用数组元素方法如下：

(1) 对于第 i 个元素 a[i]，指向它的指针为 p+i，其数组元素表示为 *(p+i)；

(2) 可以使用带下标的指针变量表示数组元素，如 p[i] 与 a[i] 等价，也与 *(p+i) 等价。

另外，由于数组名 a 也是数组元素的首地址，因此可以用 a+i 指向第 i 个元素，该数组元素即可表示为 *(a+i)。

根据以上叙述，一维数组中的等价关系为

(1) &a[i]<=>a+i<=>p+i；

(2) a[i]<=>*(a+i)<=>*(p+i)<=>p[i]。

【例 8.12】　用指针实现一维数组的输入与输出。

程序如下：

```
#include "stdio.h"
int main()
{   int a[10],i, * p=a;
    for(i=0;i<10;i++)
      scanf("%d",p+i);
    for(i=0;i<10;i++)
      printf("%3d", * p++);
}
```

运行结果：

```
1 2 3 4 5 6 7 8 9 10
  1   2   3   4   5   6   7   8   9   10
```

【说明】　在输入数据时，输入数组 a 的第 i 个值使用的地址形式是 p+i；同理，也可用 a+i 或 &a[i]；每执行一次，就为一个新的数组元素输入一个值，但是指针 p 的值在数据输入过程中始终没有改变。在数据输出语句中，使用了 * p++ 的形式，运算时先取 p 的值参与运算，即取 * p，然后 p+1，p 指向下一个元素。

例 8.12 的程序也可写成如下形式：

```
#include "stdio.h"
int main()
{   int a[10], * p;
    for(p=a;p<a+10;p++)
      scanf("%d",p);
    for(p=a;p<a+10;p++)
      printf("%3d", * p);
}
```

由于指针变量可以进行赋值和其他运算，因此，在这个程序中直接使用指针变量作为 for 语句的循环控制变量可以使程序更简洁。

当然，也可以使用数组名的形式对数组元素进行操作，程序如下：

```
#include "stdio.h"
int main()
{   int a[10],i;
    for(i=0;i<10;i++)
      scanf("%d",a+i);
    for(i=0;i<10;i++)
      printf("%3d", *(a+i));
}
```

尽管使用指针和数组名都能对数组元素进行访问,但是二者有很大的区别:指针是一个变量,可以进行赋值和其他运算;而数组名是数组的首地址,是一个常量,其值不能改变,请读者务必注意。

通过例 8.12 的学习,读者需要注意以下几个问题。

(1) 指针变量可以实现自身的值的改变。如 p++ 是合法的,而 a++ 是错误的。因为 a 是数组名,它是数组的首地址,是常量。

(2) 要注意指针变量的当前值。

(3) 由于"++"和"*"优先级相同,结合方向均为自右而左,因此 *p++ 等价于 *(p++)。

(4) *(p++) 与 *(++p) 作用不同。若 p 的初值为 a,则 *(p++) 等价于 a[0], *(++p) 等价于 a[1]。

(5) (*p)++ 表示 p 所指的元素值加 1。

【例 8.13】 用指针实现利用冒泡法对 10 个整数降序排序,其中的排序数据随机产生。

程序如下:

```
#include "stdlib.h"
#include "stdio.h"
#include "time.h"
#define N 10
int main()
{ srand((unsigned int)time(NULL));
  int a[N],i,j,t, *p;
  for(p=a;p<a+N;p++)
    { *p=rand()%100;
      printf("%5d", *p);
    }
  printf("\n");
  for(i=1;i<N;i++)
    for(p=a;p<a+N-i;p++)
      if( *p< *(p+1))
        { t= *p;
          *p= *(p+1);
          *(p+1)=t;
```

```
        }
    for(p=a;p<a+N;p++)
        printf("%5d", * p);
}
```

运行结果：

```
43   29   74   80   41   47   21   52   21   18
80   74   52   47   43   41   29   21   21   18
```

3. 指向一维数组的指针作为函数参数

一个数组是由连续的内存单元组成的。数组有首地址，每个元素也有自己的地址。数组的指针是指数组的起始地址，数组元素的指针是指数组元素的地址。

若数组元素的指针作为函数参数，则接收实参的形参必须是同类型的指针变量，若数组的首地址作为函数参数，则接收实参的形参既可以是同类型的指针变量，也可以是同类型的数组。

【例 8.14】 求含有 10 个元素的一维数组中的所有素数，判断素数用函数完成，并且每次只能判断一个数。

程序如下：

```
#include "stdio.h"
int fun(int * x)
{   int i;
    if( * x<2) return 0;
    for(i=2;i<= * x/2;i++)
        if( * x%i==0) return 0;
    return 1;
}
int main()
{   int a[10],i, * p=a;
    for(i=0;i<10;i++)
        scanf("%d",p+i);
    for(p=a;p<a+10;p++)
        if(fun(p)==1) printf("%5d", * p);
    printf("\n");
}
```

【说明】 fun 函数用来判断形参 x 所指变量是否是素数，是素数则函数返回值为 1，不是素数则函数返回值为 0；主函数中，第二个 for 语句中发生了函数调用，每次将数组中的一个元素的地址作为实参传递给形参指针变量 x，并得到一个返回值与 1 进行比较；如果返回值为 1，则表示该实参所指的变量是素数，否则不是素数。

【例 8.15】 将含有 10 个元素的一维数组中的所有元素逆序存放在该数组中，逆序用函数完成。

程序如下：

```
#include "stdio.h"
void fun(int * x,int n)
{   int i,t;
    for(i=0;i<n/2;i++)
       {t= * (x+i);
        * (x+i)= * (x+n-i-1);
        * (x+n-i-1)=t;
        }
}
int main()
{   int a[10],i;
    int * p=a;
    for(i=0;i<10;i++)
      {scanf("%d",p+i);
       printf("%5d", * (p+i));
       }
    printf("\n");
    fun(p,10);
    for(p=a;p<a+10;p++)
    printf("%5d", * p);
    printf("\n");
}
```

运行结果：

```
1 2 3 4 5 6 7 8 9 10
    1    2    3    4    5    6    7    8    9   10
   10    9    8    7    6    5    4    3    2    1
```

【说明】 主函数中，语句"fun(p,10);"发生了函数调用，fun 函数的形参为指针类型，对应的实参为指向数组首地址的指针 p，同样也可以用数组名作为实参，即函数调用语句可以改为"fun(a,10);"，fun 函数的形参也可以改为数组名，函数体和函数调用不必做任何修改。

当用指针作形参时，数组逆序的算法可以用两个指针很直观地表示，让指针 i 指向数组的首地址，让指针 j 指向数组的最后一个元素，交换两个指针所指的内容，然后指针 i 向后移动一个元素，指针 j 向前移动一个元素，直到两个指针相遇。fun 函数改为如下：

```
void fun(int * x,int n)
{   int t, * p, * i, * j,m;
    i=x;j=x+n-1;
    for(;i<=j;i++,j--)
      { t= * i;
        * i= * j;
```

```
        * j=t;
    }
}
```

8.4.2 二维数组与指针

1. 二维数组的地址关系

设有如下定义：

```
int a[3][4]={{1,2,3,4},{5,6,7,8},{9,10,11,12}};
int * p;
p=a[0];
```

C 语言允许把一个二维数组看成一个特殊的一维数组，特殊之处在于每个数组元素还是一个一维数组。因此，将数组 a 看成一维数组时包括的数组元素即 a[0]、a[1] 和 a[2]。每个数组元素 a[i] 还是一个包含 4 个元素的一维数组，表示二维数组的第 i 行，例如 a[0] 数组包含 a[0][0]、a[0][1]、a[0][2] 和 a[0][3]。数组 a 的分解情况如图 8.13 所示。

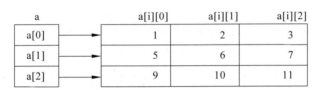

图 8.13 数组 a 的分解情况

一维数组名代表一维数组的首地址，所以 a[i] 代表第 i 行的首地址，当把 a 看成一维数组时，关于一维数组的等价关系同样成立，即 a[i] <=> *(a+i)，所以 *(a+i) 也代表第 i 行的首地址。

再看看 a+i 的值代表什么。还是把 a 看成包含 3 个元素（a[0],a[1],a[2]）的一维数组，按照指针的加法运算规则，a+1 中的 1 指一个数组元素的长度，这里的一个数组元素代表一行，所以 a+1 的值也是第 1 行的地址；同理，a+i 就是第 i 行的地址，于是得到了一个结果，即 a+i= *(a+i)，它们的值都是第 i 行的首地址，但是 a+i 和 *(a+i) 不是等价的，它们只是值相等，参与运算时是不一样的。例如：

*(a+i)+j 等价于 a[i]+j，表示 a[i][j] 的地址；

a+i+j 相当于 a+(i+j)，表示第 i+j 行的首地址。

这里的 *(a+i) 还是一个地址，"*"的作用是使 a+i 原来的行走向变成列走向，例如 a+1 中的 1 表示一行的长度，a+1 就指向第 1 行的首地址。做指针运算 *(a+1) 之后，再进行 *(a+1)+2 运算时，这个 2 表示的就是两个数组元素的长度，即按列的方向向后移动两个元素，于是 *(a+1)+2 指向 a[1][2]，而 (a+1)+2 则指向第 3 行的首地址。

二维数组有如下等价关系：

```
* (a+i)<=>a[i]  /* 等价的意思是不仅值相等,而且在表达式中参与运算时的规则也一致 */
* (a+i)+j <=> &a[i][j]
* (* (a+i)+j)<=>a[i][j]
```

二维数组有如下相等关系：

```
a+i= * (a+i)<=> a[i]=&a[i][0]
```

【说明】 对于上面描述的二维数组 a,尽管 a 和 a[0]都是数组的首地址,但二者指向的对象不同,a[0]是一维数组的名称,它指向数组 a[0]的首元素,对其进行"＊"运算时,得到的是一个数组元素值,即数组 a[0]首元素的值,因此,＊a[0]与 a[0][0]是同一个值。a 是一个二维数组的名称,它指向所属元素的首元素,它的每个元素都是行数组,因此,它的指针移动单位是行,所以 a+i 指向第 i 个行数组,即指向 a[i]。对 a 进行"＊"运算,得到是一维数组 a[0]的首地址,即 ＊a 与 a[0]是同一个值。若用"int ＊p;"定义指针 p,则 p 指向一个 int 型数据,而不是一个地址,因此,用 a[0]对 p 赋值是正确的,而用 a 对 p 赋值是错误的。请读者务必注意这种用法。

2. 用指针表示二维数组元素

数组名虽然代表数组的首地址,但是它和指向数组的指针变量不完全相同,指针变量的值可以改变,即它可以随时指向同类型的不同数组,也可以做自增、自减等运算;而数组名自定义时起就确定了,相当于一个常量,不能通过赋值的方式使该数组名指向另一个数组,也不能做自增、自减等运算。用指向变量的指针表示二维数组中的元素时,有两种方式,一是顺序移动指针,让其遍历二维数组中的所有元素;二是保持指针指向二维数组的首地址不动,然后计算出每个数组元素的地址值。

【例 8.16】 求二维数组元素的最大值。

【分析】 通过顺序移动指针的方法实现。

程序如下：

```
#include "stdio.h"
int main()
{   int a[3][4]={{0,1,-8,11},{26,-7,10,129},{2,8,7,16}}, * p,max;
    for(p=a[0],max= * p;p<a[0]+12;p++)
        if(* p>max)  max= * p;
    printf("MAX=%d\n",max);
}
```

运行结果：

```
MAX=129
```

【说明】 这个程序的主要算法是在 for 语句中实现的。p 是一个 int 型指针变量;p＝a[0]的作用是让 p 指向 a[0][0];max＝ ＊p 将数组的首元素的值 a[0][0]作为最大值

初值；p<a[0]+12 的作用是将指针的变化范围限制在 12 个元素的位置内；p++的作用
每比较一个元素后，指针 p 指向下一个元素位置。例如从 a[0][0]移到 a[0][1]不能写成
p<a+12，因为 a+1 是加一行。

【例 8.17】　求二维数组元素的最大值，并确定最大值元素所在的行和列。

【分析】　本例需要在比较过程中把最大值元素的位置记录下来，显然仅用上述指针
移动方法是不行的，需要使用能提供行列数据的指针表示方法。当指针 p 指向二维数组
首地址时，要想通过 p 表示出二维数组的元素 a[i][j]的地址，需要计算 a[i][j]和首地址
a[0][0](p)相隔几个数组元素，然后在 p 上加几即可。元素 a[i][j]前面有 i 行，相应的元
素个数为 i*4(二维数组有 4 列)；而在第 i 行中，a[i][j]前面有 j 个元素，这样，
a[0][0]+i*4+j 或 p+i*4+j 就表示 a[i][j]的地址。

程序如下：

```c
#include "stdio.h"
int main()
{   int a[3][4]={{0,1,-8,11},{26,-7,10,129},{2,8,7,16}};
    int *p=a[0],max,i,j,row,col;
    max=a[0][0];
    row=col=0;
    for(i=0;i<3;i++)
        for(j=0;j<4;j++)
            if(*(p+i*4+j)>max)
            {max=*(p+i*4+j);
            row=i;
            col=j;
            }
    printf("a[%d][%d]=%d\n",row,col,max);
}
```

运行结果：

```
a[1][3]=88
```

以上是用指针表示数组元素的程序，也可以使用二维数组名的方法表示数组元素，
请读者自行比较这两种方法的区别。

程序如下：

```c
#include "stdio.h"
int main()
{   int a[3][4]={{0,1,-8,11},{26,-7,10,129},{2,8,7,16}};
    int max,i,j,row,col;
    max=a[0][0];
    row=col=0;
    for(i=0;i<3;i++)
        for(j=0;j<4;j++)
```

```
        if(* (* (a+i)+j)>max)
          {max= * (* (a+i)+j);
            row=i;
            col=j;
          }
      printf("a[%d][%d]=%d\n",row,col,max);
  }
```

【说明】　从程序中可以看出,用指向变量的指针表示二维数组中的元素不太方便,因为指针加 1 运算时只能加一个数组元素的长度,如果指针加 1 也能加一行的长度,就和使用二维数组名表示方法一样了。C 语言提供了这样的指针类型,称为行指针。

3. 行数组指针

由于二维数组名是指向行的,因此它不能对如下指针变量 p 进行直接赋值:

```
int a[3][4]={{1,2,3,4},{5,6,7,8},{9,10,11,12}}, * p;
```

原因是 p 与 a 的对象性质不同,或者说二者不是同一级指针。C 语言可以通过定义行数组指针的方法使一个指针变量与二维数组名具有相同的性质。行数组指针也称二维数组的行指针,其定义方法为

类型标识符 (* 指针变量名) [长度]

其中,"类型标识符"为所指数组的数据类型;" * "表示其后的变量是指针类型;"长度"表示二维数组分解为多个一维数组时一维数组的长度,即二维数组的列数。"(* 指针变量名)"两边的括号不可缺少,否则表示的是指针数组(将在本章后面介绍),意义就完全不同了。

例如,有如下的定义:

```
int a[3][4]={{1,2,3,4},{5,6,7,8},{9,10,11,12}};
int ( * p)[4];
```

p 是一个指针变量,它指向包含 4 个整型元素的一维数组。把二维数组 a 分解为 3 个一维数组 a[0]、a[1]、a[2]之后,若有语句:

```
p=a;
```

p 表示指向第一个一维数组 a[0],其值等于 a、a[0]或 &a[0][0]等;而 p+i 则指向一维数组 a[i]。从前面的分析可得出, * (p+i)+j 是二维数组第 i 行第 j 列的元素的地址,而 * (* (p+i)+j)则是第 i 行第 j 列元素的值。此时,行指针变量 p 的作用相当于二维数组名 a 的作用。

【例 8.18】　用行数组指针表示二维数组元素。

程序如下:

```
#include "stdio.h"
int main()
```

```
{   int a[3][4]={0,1,2,3,4,5,6,7,8,9,10,11},(*p)[4],i,j;
    p=a;
    for(i=0;i<3;i++)
     {for(j=0;j<4;j++)
        printf("%4d",*(*(p+i)+j));
        printf("\n");
     }
}
```

4. 指向二维数组的指针作函数参数

由于二维数组中的每个元素都有自己的地址,数组也有首地址,因此可以用二维数组元素的指针作实参,也可以用二维数组名作实参。

【例 8.19】 有 3 个学生,每个人考 5 门课程,求每个学生的平均分。

程序如下:

```
#include "stdio.h"
float s_ave(float (*p)[5])
{   int i;
    float sum=0,ave;
    for(i=0;i<5;i++)
       sum+=*(*p+i);
    ave=sum/5;
    return ave;
}
int main()
{ static float score[3][5]={{100,78,90,88,86},{54,80,95,77,60},{65,81,70,83,90}};
    int i;
    for(i=0;i<3;i++)
       printf("The average score of student %d:%6.2f\n",i,s_ave(score+i));
}
```

【说明】 s_ave 函数中的形参 p 定义为指向一维数组的指针变量,因此主函数中调用 s_ave 函数时所用的实参也应该是行指针。score、score+1、score+2 都是指向行的指针,这时实参和形参指针变量指向的类型是相同的,也是正确的。在 s_ave 函数中求出一行 5 个元素值之和,函数中用到了 $*(*p+i)$,其中,$*p$ 是该行第 0 列元素的地址,$*p+i$ 是该行第 i 列元素的地址,$*(*p+i)$ 是该行第 i 列元素的值。

8.4.3 指针与字符串

在 C 语言中,字符串的处理方法有两种:一种是使用字符数组处理字符串;另一种是使用字符指针处理字符串。

1. 字符数组表示字符串

【例8.20】 用字符数组存放一个字符串,然后输出该字符串。

程序如下:

```
#include "stdio.h"
int main()
{   char string[]="I love China!";
    printf("%s\n",string);
}
```

【说明】 和前面介绍的数组的属性一样,string 是数组名,代表字符数组的首地址。字符串的实际长度为 13,但是 string 数组有 14 个元素,这是因为系统自动在字符串末尾添加了结束标志'\0',它不算作字符串的实际长度,但是要占用数组空间,如图 8.14 所示。

| I | | l | o | v | e | | C | h | i | n | a | ! | \0 | |

图 8.14 字符数组

2. 字符指针表示字符串

字符指针变量的定义说明与指向字符变量的指针变量的定义说明是相同的,只能按对指针变量的赋值不同进行区别,对指向字符变量的指针变量应赋予字符变量的地址。

例如:

```
char c, * p=&c;
```

表示 p 是一个指向字符变量 c 的指针变量。

而

```
char * s="C Language";
```

则表示 s 是一个指向字符串的指针变量,它把字符串的首地址赋予 s,而不是将字符串中的字符赋予 s。

上述定义等价于

```
char * ps;
ps="C Language";
```

【例8.21】 用字符指针指向一个字符串。

程序如下:

```
#include "stdio.h"
int main()
{   char string[]="I love China! ";
    char * p;
```

```
    p=string;
    printf("%s\n",string);
    printf("%s\n",p);
}
```

运行结果：

```
I love China!
I love China!
```

【说明】　程序定义了一个字符数组 string，并为它赋初值。p 是指向字符型数据的指针变量，将 string 数组的起始地址赋给 p，然后用%s 格式符输出 string 和 p，结果都是输出字符串"I love China! "。

该程序也可以不定义字符数组，而是直接用一个指针变量指向一个字符串常量，即用字符指针实现。

程序如下：

```
#include "stdio.h"
int main()
{   char * string="I love China! ";
    printf("%s\n",string);
}
```

【例 8.22】　输出字符串中第 n 个字符后的所有字符。

程序如下：

```
#include "stdio.h"
int main()
{   char * p="this is a book";
    int n=10;
    p=p+n;
    printf("%s\n",p);
}
```

运行结果：

```
book
```

在程序中对 p 进行初始化时，即把字符串首地址赋予 p；当 p= p+10 之后，p 指向字符 b，因此输出为 book。

指向字符串或字符数组的指针是十分有用的，许多有关字符处理的程序和 C 语言库函数都是利用指针实现的。

【例 8.23】　利用指针实现字符串的复制。

程序如下：

```
#include "stdio.h"
int main()
```

```
{   char a[]="I love China! ";
    char b[80], * p1, * p2;
    for(p1=a,p2=b; * p1!='\0';p1++,p2++)
        * p2= * p1;
    * p2='\0';
    printf("string a is:%s\n",a);
    printf("string b is:%s\n",b);
}
```

【说明】　p1 和 p2 是指向字符型数据的指针变量。先使 p1 和 p2 分别指向字符数组 a 和 b 的首地址。赋值语句" * p2= * p1;"的作用是将串 a 中的字符赋给 p2 所指的元素，即数组 b 中的元素，然后使 p1 和 p2 分别指向下一个位置，直到 * p1 的值为'\0'时结束。执行时，p1 和 p2 的值是不断改变且同步变化的。

3. 使用字符指针变量与字符数组的区别

使用字符指针和字符数组变量都可以实现字符串的存储和运算，但两者是有区别的，在使用时应注意以下几个问题。

（1）字符指针变量本身是一个变量，用于存放字符串的首地址；而字符串本身是存放在以该首地址为首的一块连续的内存空间中并以'\0'作为字符串结束标志的。

（2）字符数组是由若干数组元素组成的，可用来存放整个字符串。

（3）对于字符指针方式：

```
char * p="C Language";
```

可以写为

```
char * p;
p="C Language";
```

而于对数组方式：

```
static char s[]={"C Language"};
```

不能写为

```
char s[20];
s="C Language";
```

只能对字符数组的各元素逐个赋值。

从以上几点可以看出字符指针变量与字符数组在使用时的区别，同时也可以看出使用指针变量更加方便。

前面说过，使用一个未取得确定地址的指针变量容易引起错误，但是允许对指针变量直接赋值，这是因为 C 语言系统对指针变量赋值时会给予确定的地址。

因此，

```
char * p="C Language";
```

或者

```
char * ps;
ps="C Language";
```

都是合法的。

4. 字符指针作为函数参数

【**例 8.24**】 把一个字符串的内容复制到另一个字符串中,不能使用 strcpy 函数。
程序如下:

```
#include "stdio.h"
void cpystr(char * p1,char * p2)
{
    while((* p2= * p1)!='\0')
    {   p2++;
        p1++; }
}
int main()
{   char * pa="CHINA",b[10], * pb;
    pb=b;
    cpystr(pa,pb);
    printf("string a=% s\nstring b=% s\n",pa,pb);
}
```

【**说明**】 cpystr 函数的形参为两个字符指针变量。p1 指向源字符串,p2 指向目标
字符串。注意表达式"(* p2= * p1)!='\0'"的用法。在本例中,程序完成了两项工作:
一是把 p1 指向的源字符串中的字符复制到 p2 所指的目标字符串中;二是判断复制的字
符是否为'\0',若是则表明源字符串结束,不再循环;否则 p2 和 p1 都加 1,指向下一字符。
在主函数中,以指针变量 pa 和 pb 作为实参,分别取得确定值后调用 cpystr 函数。由于
采用的指针变量 pa 和 p1、pb 和 p2 均指向同一字符串,因此在主函数和 cpystr 函数中均
可使用这些字符串,也可以把 cpystr 函数简化为

```
void cpystr(char * p1,char * p2)
{   while ((* p2++= * p1++)!='\0');}
```

即把指针的移动和赋值合并在一个语句中。进一步分析还会发现'\0'的 ASCII 码值为 0,
对于 while 语句,表达式的值为非 0 就循环,为 0 就结束循环,因此也可省略"!='\0'"这
一判断部分,而写为

```
void cpystr(char * p1,char * p2)
{   while (* p1++= * p2++);}
```

表达式的意义可解释为:源字符串向目标字符串赋值,移动指针,若所赋值为非 0,则循
环,否则结束循环。这样可以使程序更加简洁。

简化后的程序如下：

```
void cpystr(char * p1, char * p2)
{
    while ( * p1++= * p1++);
}
int main()
{   char * pa="CHINA",b[10], * pb;
    pb=b;
    cpystr(pa,pb);
    printf("string a=% s\nstring b=% s\n",pa,pb);
}
```

8.4.4 指针数组

如果一个数组的元素类型为指针，则该数组称为指针数组。指针数组是一组有序的指针的集合。指针数组的所有元素必须都是具有相同存储类型和指向相同数据类型的指针变量。

指针数组的一般形式为

类型标识符 * 数组名[数组长度]

其中，"类型标识符"为指针值所指的变量的类型，" * "表示该数组是一个指针数组，即数组中的每个元素的值都是一个指针。

例如：

```
int * p[5]
```

表示 p 是一个指针数组，它有 5 个数组元素，每个元素的值都是一个指针，并指向整型变量。

【例 8.25】 用一个指针数组指向一个二维数组。

【分析】 若将指针数组中的每个元素都赋予二维数组每行的首地址，则可理解为将每个指针数组元素都指向一个一维数组。

程序如下：

```
#include "stdio.h"
int main()
{   int a[3][3]={1,2,3,4,5,6,7,8,9}, * pa[3], * p=a[0],i;
    pa[0]=a[0]; pa[1]=a[1]; pa[2]=a[2];
    for(i=0;i<3;i++)
      printf("% 3d% 3d% 3d\n",a[i][2-i], * a[i], * ( * (a+i)+i));
    for(i=0;i<3;i++)
      printf("% 3d% 3d% 3d\n", * pa[i],p[i], * (p+i));
}
```

运行结果：

```
3  1  1
5  4  5
7  7  9
1  1  1
4  2  2
7  3  3
```

【说明】　本例程序中，pa 是一个指针数组，3 个元素分别指向二维数组 a 的各行，然后用循环语句输出指定的数组元素。其中，＊a[i]表示第 i 行第 0 列的元素值；＊(＊(a＋i)＋i)表示第 i 行第 i 列的元素值；＊pa[i]表示第 i 行第 0 列的元素值；由于 p 与 a[0]相同，故 p[i]表示第 0 行第 i 列的元素值；＊(p＋i)表示第 0 行第 i 列的元素值。请读者仔细领会元素值的各种不同的表示方法。

需要注意指针数组和指向一维数组的指针的区别，两者虽然都可用来表示二维数组，但是其表示方法和意义是不同的。

例如：

```
int (＊p)[3];
```

表示 p 是一个指向包含 3 个整型元素的一维数组的指针。

```
int ＊p[3]
```

表示 p 是一个指针数组，3 个数组元素 p[0]、p[1]、p[2]均为指向整型的指针变量。

指针数组也常用来表示一组字符串，这时指针数组的每个元素都被赋予一个字符串的首地址。指向字符串的指针数组的初始化更为简单，例如采用指针数组表示一组字符串，其初始化赋值为

```
char ＊name[]={"Monday","Tuesday","Wednesday","Thursday","Friday",
"Saturday"};
```

完成初始化赋值之后，name[0]即指向字符串"Monday"，name[1]指向字符串"Tuesday"，以此类推。

【例 8.26】　将 5 个国家的名字按字母顺序由小到大排列后输出。

程序如下：

```
#include "string.h"
#include "stdio.h"
int main()
{   char ＊name[]={ "CHINA","AMERICA","AUSTRALIA","FRANCE","GERMANY"};
    char ＊p;
    int i,j,k,n=5;
    for(i=0;i<n-1;i++)
    {   k=i;
        for(j=i+1;j<n;j++)
```

```
        if(strcmp(name[k],name[j])>0) k=j;
    if(k!=i)
    {
        p=name[i];
        name[i]=name[k];
        name[k]=p;
    }
}
for (i=0;i<n;i++)
    printf("%s\n",name[i]);
}
```

运行结果：

AMERICA

AUSTRALIA

CHINA

FRANCE

GERMANY

【说明】　若采用普通的排序方法，则逐个比较之后交换字符串的位置即可。交换字符串的物理位置是通过字符串复制函数完成的。反复地交换将使程序的执行速度变慢，同时由于各字符串(国名)的长度不同，在存储上又会增加存储管理的负担。用指针数组能很好地解决这些问题。在操作时，把所有字符串都存放在一个数组中，把这些字符数组的首地址都放在一个指针数组中，当需要交换两个字符串时，只需交换指针数组相应两个元素的内容(地址)即可，而不必交换字符串本身。

8.5　main 函数的参数

前面介绍的 main 函数都是不带参数的。因此 main 后的括号都是空括号。实际上，main 函数是可以带有参数的。C 语言规定 main 函数的参数只能有两个，习惯上将这两个参数写为 argc 和 argv(用其他名字也可以)。因此，main 函数的函数头可写为

```
int main (argc,argv)
```

C 语言还规定 argc(第一个形参)必须是整型变量，argv(第二个形参)必须是字符指针数组。加上形参说明后，main 函数的函数头应写为

```
int main (int argc,char * argv[])
```

由于 main 函数不能被其他函数调用，因此不能在程序内部取得实际值。那么，应在何处把实参的值赋予 main 函数的形参呢？实际上，main 函数的参数值是从操作系统的命令行上获得的。当需要运行一个可执行文件时，先在 DOS 提示符下输入文件名，再输入实际参数即可把这些实参传送到 main 函数的形参中。

DOS 提示符下的命令行的一般形式为

E:\>可执行文件名 参数 参数…

需要特别注意的是,main 函数的两个形参和命令行中的参数在位置上不是一一对应的,这是因为 main 函数的形参只有两个,而命令行中参数的个数原则上未加限制。argc 参数的值表示命令行中参数的个数(注意,文件名本身也算作一个参数),argc 参数的值是在输入命令行时由系统按实际参数的个数自动赋予的。

例如,有命令行为

E:\>e8-27 BASIC Foxpro FORTRAN

由于文件名 e8-27 本身也算作一个参数,所以共有 4 个参数,因此 argc 的值为 4。argv 参数是字符指针数组,其各元素值为命令行中各字符串(参数均按字符串处理)的首地址。指针数组的长度即为参数个数,数组元素的初值由系统自动赋予,如图 8.15 所示。

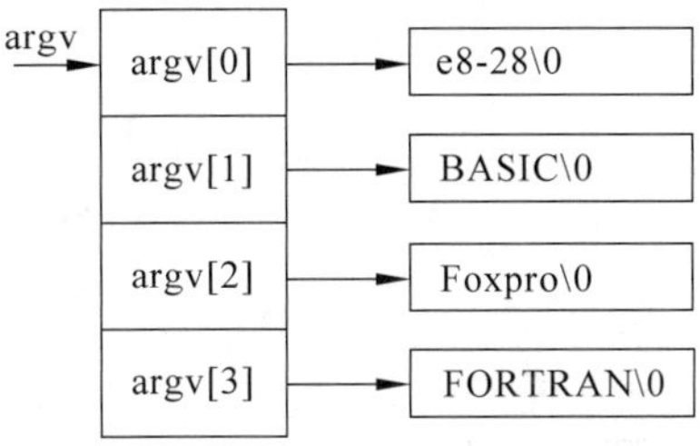

【例 8.27】 main 函数带参举例,以下程序存放在 E:\>e8-27.c 文件中,在编译链接后,已生成 E:\>e8-27.exe 文件,输出 argc 和 argv 中的数据。

图 8.15 指针数组的指向

程序如下:

```c
#include "stdio.h"
int main(int argc,char * argv[])
{   int i;
    printf("argc=%d\n",argc);
    for(i=1;i<argc;i++)
        printf("%s\n",argv[i]);
}
```

运行结果:

```
在 DOS 提示符下:
C:\>e8-28 BASIC  Foxpro  FORTRAN
argc=4
BASIC
Foxpro
FORTRAN
```

【说明】 本例的目的是显示命令行中输入的参数。如果本例中的可执行文件名为 e8-27.exe,存放在 C 盘内,则在 DOS 提示符下输入命令行:

C:\>e8-27 BASIC Foxpro FORTRAN

该行共有 4 个参数,执行 main 函数时,argc 的初值即为 4。argv 的 4 个元素分别为 4 个字符串的首地址。语句"printf("％s\n",argv[i]);"分别输出每个字符串的内容,即打印每个参数,由于 argv[0]存放了文件名的地址,所以不需要打印,只打印其他 3 个参数即可。

8.6 小 结

1. 有关指针的数据类型

由于指针的概念比较复杂,因此为了更加清晰地了解指针,这里对照表 8.1 进行总结。

表 8.1 指针的定义及其含义

定 义	含 义
int i;	定义整型变量 i
int * p;	p 为指向整型数据的指针变量
int a[n];	定义整型数组 a,它有 n 个元素
int * p[n];	定义指针数组 p,它由 n 个指向整型数据的指针元素组成
int (* p)[n];	p 为指向含 n 个元素的一维数组的指针变量
int f( );	f 为带回整型函数值的函数
int * p( );	p 为带回一个指针的函数,该指针指向整型数据
int (* p)( );	p 为指向函数的指针,该函数返回一个整型值
int **p;	p 是一个指针变量,它指向一个指向整型数据的指针变量

2. 指针运算

前面用到的全部指针运算总结如下。

1) 指针变量加(减)一个整数

例如:

p++、p--、p+i、p-i、p+=i、p-=i

一个指针变量加(减)一个整数并不是简单地将原值加(减)一个整数,而是将该指针变量的原值(一个地址)和它指向的变量所占用的内存单元字节数相加(减)。

2) 指针变量赋值

将一个变量的地址赋给一个指针变量。

```
p=&a;              /* 将变量 a 的地址赋给 p */
p=array;           /* 将数组 array 的首地址赋给 p */
p=&array[i];       /* 将数组 array 中第 i 个元素的地址赋给 p */
p=max;             /* max 为已定义的函数,将 max 的入口地址赋给 p */
```

```
p1=p2;                    /＊p1 和 p2 都是指针变量,将 p2 的值赋给 p1＊/
```

不能将一个整数赋给指针变量,例如:

```
p=200;
```

3）指针变量可以有空值

将指针变量赋为空值,表示该指针变量不指向任何变量,例如:

```
p=NULL;
```

4）两个指针变量可以相减

如果两个指针变量指向同一个数组中的元素,则两个指针变量值之差是两个指针之间的元素个数。

5）两个指针变量相比较

如果两个指针变量指向同一个数组中的元素,则两个指针变量可以进行比较,即为地址值的比较。指向前面的元素的指针变量"小于"指向后面的元素的指针变量。

3. 其他

当指针指向数组时,访问数组元素的方法将变得灵活多样,既可以使用下标法,也可以使用指针法。

（1）若 p 是指向一维数组 a 的指针,p＝a,则数组元素 a[i]可以用指针表示为 p[i]和 ＊(p＋i),也可以用数组名表示为 ＊(a＋i),该元素的地址可以表示为 ＆a[i]、p＋i、a＋i。

（2）对于一个 M×N 的二维数组 a,若 p 是指向 a[0]的指针,则数组元素 a[i][j]可用指针表示为 ＊(p＋i＊N＋j)、p[i＊N＋j],也可以用数组名表示为 ＊(＊(a＋i)＋j),该元素的地址可以表示为 ＆a[i][j]、p＋i＊N＋j、＊(a＋i)＋j。

（3）指针作为函数参数时,在函数之间传递的是变量的地址。简单指针变量作函数参数是指针作函数参数中最基本的内容,它的作用是在函数中传递一个简单变量的地址。

（4）使用字符指针处理字符串是 C 语言中常用的一种方法,它首先通过一定的方式用字符指针指向字符串,然后通过字符指针访问字符串存储区域,从而实现对字符串的操作。

习　题　8

一、选择题

1. 若有以下定义,则对数组 a 中元素的正确引用是_____。

```
int a[5], ＊p=a;
```

 A. ＊＆a[5]   B. a＋2   C. ＊(p＋5)   D. ＊(a＋2)

2. 若有说明语句

```
char a[]="It is mine";
```

```
char * p="It is mine";
```

则以下叙述不正确的是_____。

  A. a+1 表示字符 t 的地址

  B. 当 p 指向另外的字符串时,字符串的长度不受限制

  C. p 变量中存放的地址值可以改变

  D. a 中只能存放 10 个字符

3. 若有定义

```
int a[5][6];
```

则对数组 a 的第 i 行第 j 列(假设 i,j 已正确说明并赋值)元素值的正确引用为_____。

  A. *(a[i]+j) B. (a+i)   C. *(a+j)   D. a[i]+j

4. 若有说明语句

```
char * network[]={"INTERNET","INTRANET","CERNET","CHINANET"};
char **q;q=network+2;
```

则语句"printf("%o\n", * q);"_____。

  A. 输出的是 network[2]元素的地址

  B. 输出的是字符串 CERNET

  C. 输出的是 network[2]元素的值,它是字符串 CERNET 的首地址

  D. 格式说明不正确,无法得到确定的输出

5. 以下叙述正确的是_____。

  A. C 语言允许 main 函数带形参,且形参个数和形参名均可由用户指定

  B. C 语言允许 main 函数带形参,形参名只能是 argc 和 argv

  C. 当 main 函数带有形参时,传给形参的值只能从命令行中得到

  D. 若有说明:main(int argc,char * argv[]),则形参 argc 的值必须大于 1

6. 下列程序段的运行结果是_____。

```
char * s="abcde";
s+=2;
printf("%d",s);
```

  A. cde   B. 字符'c'

  C. 字符'c'的地址   D. 无确定的输出结果

二、阅读程序,写出运行结果

1.

```
#include "stdio.h"
int main()
{   int a=0,i, * p,sum;
    for(i=0;i<=2;i++)
```

```
    { p=&a;
      scanf("%d",p);
      sum=s(p);
      printf("sum=%d\n",sum);
    }
}
s(int * p)
{   int sum=10;
    sum=sum+ * p;
    return(sum);
}
```

输入数据：

1 2 3

2.

```
#include "stdio.h"
int main()
{   int i,k;
    for(i=0;i<4;i++)
    {k=sub(&i);
     printf("%3d",k);
    }
    printf("\n");
}
sub(s)
int * s;
{static int t=0;
 t=t+ * s;
 return t;
}
```

3.

```
#include "stdio.h"
int main()
{   char str[]="cdalb";
    abc(str);
    puts(str);
}
abc(char * p)
{   int i,j;
    for(i=j=0; * (p+i)!='\0';i++)
      if( * (p+i)>='d')
        { * (p+j)= * (p+i);j++; }
```

```
        * (p+j)='\0';
    }
```

4.

```
#include "stdio.h"
void fun(int * w,int n,int m)
{   int i,j,a;
    i=n; j=m;
    while(i<j)
      {a=w[i];w[i]=w[j];w[j]=a;i++;j--;}
}
int main()
{   int i,a[]={1,2,3,4,5,6,7,8,9,10,11,12};
    fun(&a[3],0,2);
    fun(&a[6],0,3);
    fun(&a[3],0,6);
    for(i=0;i<12;i++)
    printf("%3d",a[i]);
}
```

三、编程题

说明：第 1～6 题用指针处理。

1. 输入 3 个整数,按由小到大的顺序输出。

2. 输入 10 个整数,将其中最小的数与第一个数交换,把最大的数与最后一个数交换。

3. 有 n 个整数,使前面各数顺序向后移 m 个位置,最后 m 个数变成最前面的 m 个数,编写函数实现以上功能,在 main 函数中输入 n 个整数并输出调整后的 n 个数。

4. 编写函数,求一个字符串的长度,在 main 函数中输入字符串并输出其长度。

5. 编写函数,将一个 3×3 的矩阵转置。

6. 编写函数,将字符串中的数字字符删除并输出。

7. 有一个 C 语言源程序文件,名为 echo.c,其内容为

```
#include "stdio.h"
int main(int argc,char * argv[])
{   while(argc-->1)
    printf("%s\n", * ++argv);
}
```

（1）若命令行输入为

echo INTERNET INTRANET CHINANET CERNET ARPANET

请写出输出结果。

（2）如果将 while 语句改为

```
while(--argc>0)
    printf("%s%c", * ++argv,(argc>1)? ' ': '\n');
```

输出结果如何？

（3）若将 while 语句改为

```
for(i=1;i<argc;i++)
    printf("%s%c", * ++argv,(argc>1)? ' ': '\n');
```

输出结果又如何？

第 9 章

结构体、共用体与枚举型数据

本章重点

- 结构体的基本概念、定义和使用方法。
- 结构体数组和指向结构体的指针变量的使用方法。
- 链表的概念及其基本操作。
- 共用体的基本概念、定义和使用方法。
- 枚举类型的基本概念。
- 位运算的基本概念和使用方法。

9.1 结构体概述

9.1.1 结构体类型概述

在实际问题中，一组数据往往具有不同的数据类型。例如，在表 9.1 所示的学生信息表中，每行均反映了一个学生的整体信息，它由多个数据项组成，各数据项的数据类型也不尽相同，学号可为整型或字符型；姓名应为字符型；性别应为字符型；年龄应为整型；成绩可为整型或浮点型，地址应为字符型；显然不能用一个数组存放这一组数据，因为数组要求各元素的类型和长度都必须一致，而如果将各项单独定义成一个数组，则难以反映它们的内在联系。为了解决这个问题，C 语言提供了另一种构造数据类型——结构 (structure)或称结构体，它允许程序员自己定制需要的类型。结构体类型可以把多个数据项联合起来，作为一个数据整体进行处理，它相当于其他高级语言中的记录。结构体类型是由若干"成员"组成的，每个成员可以是一个基本数据类型或一个构造类型。程序员可以根据需要定义不同的结构体类型，因此和基本类型不同，结构体类型可以有很多种。当程序中要使用结构体类型时，必须先定义专门的结构体类型，再用这种结构体类型定义相应的结构体变量，并使用变量存储和表示数据。

表 9.1 学生信息表

学　　号	姓　　名	性　　别	年　　龄	成　　绩
0701	wanghua	F	20	98

学　号	姓　名	性　别	年　龄	成　绩
0702	lili	F	19	76
0703	liunan	F	19	85
0704	liyong	M	20	80
0705	renqiang	M	20	90

9.1.2　结构体类型定义

定义结构体类型的一般形式为

struct 结构体名
  {
    成员列表
  };

【说明】

（1）struct 是关键字，"struct 结构体名"是结构体类型标识符，在类型定义和类型使用时，struct 不能省略。

（2）"结构体名"是用户定义的结构体的名称，在以后定义结构体变量时，可以使用该名称进行类型标识，它的命名应符合标识符的书写规定。

（3）"成员列表"由若干成员组成，每个成员都是该结构的一个组成部分，对每个成员也必须做类型说明，其形式为

类型标识符 成员名；

成员名的命名应符合标识符的书写规定。

（4）结构体名称可以省略，此时定义的结构体称为无名结构体。

（5）结构体成员名允许和程序中的其他变量同名，二者不会混淆。

（6）整个定义作为一个完整的语句用分号结束。

下面是对学生信息表的数据定义的结构体类型：

```
struct student
{   int num;
    char name[20];
    char sex;
    int age;
    int score;
};
```

在这个结构体类型定义中，结构体名为 student，该结构体由 5 个成员组成。第 1 个成员为 num，是整型变量；第 2 个成员为 name，是字符数组；第 3 个成员为 sex，是字符变

量;第 4 个成员为 age,是整型变量;第 5 个成员为 score,是整型变量。注意,括号后的分号是必不可少的。结构体类型一旦定义,在程序中就可以和系统提供的其他数据类型一样使用了。

结构体成员的数据类型既可以是简单的数据类型,也可以是结构体类型,例如,

```
struct date
{   int month;
    int day;
    int year;
};
struct stu
{   int num;
    char name[20];
    char sex;
    int age;
    struct date birthday;
};
```

首先定义一个结构体类型 date,由 month(月)、day(日)、year(年)3 个成员组成。在定义结构体 stu 时,其中的成员 birthday 被说明为 date 结构体类型。由此定义的 stu 结构体如图 9.1 所示。

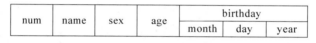

图 9.1　stu 结构体

在程序编译时,结构体类型的定义并不会使系统为该结构体中的成员分配内存空间,只有在定义结构体变量时才会分配内存空间。

9.2　结构体变量

9.2.1　结构体变量的声明

结构体类型的定义只说明了它的组成,要想使用该结构体,还必须定义结构体类型的变量。在程序中,结构体类型的定义要先于结构体变量的定义。定义结构体变量有以下 3 种方法。

1. 先定义结构体类型,再定义结构体变量

定义的一般形式为

struct 结构体类型名

{

　　　成员列表

```
};
struct 结构体类型名 变量名表列;
```

例如：

```
struct stu
{   int num;
    char name[20];
    float score;
};
struct stu stu1,stu2;
```

定义了两个变量 stu1 和 stu2 为 stu 结构体类型，也可以用宏定义使用一个符号常量表示一个结构体类型。例如：

```
#define STU struct stu
STU
{   int num;
    char name[20];
    float score;
};
STU stu1,stu2;
```

　　当定义了结构体类型后，可以看出定义结构体变量类似于定义 int 型变量，系统为定义的结构体变量按照结构体定义时的组成分配存储数据的实际内存单元。结构体变量的成员在内存中占用连续的存储区域，所占内存大小为结构体中每个成员的长度之和。上面定义的结构体变量 stu1、stu2 在内存中占用的空间为 $2+20+1+4=27$B。

　　一个结构体变量占用内存的实际大小可以使用 sizeof 运算求出，sizeof 是单目运算符，其功能是求运算对象所占内存空间的字节数。使用 sizeof 运算可以很方便地求出程序中不同类型和变量的存储长度。

　　sizeof 使用的一般格式为

sizeof(变量或类型说明符)

例如，sizeof(struct stu)或 sizeof(stu1)的结果为 27，sizeof(int)的结果为 2。

2. 在定义结构体类型的同时说明结构体变量

定义的一般形式为

struct 结构体类型名
{
　　成员列表
}变量名表列;

例如：

```
struct stu
{    int num;
     char name[20];
     float score;
} stu1,stu2;
```

3. 省略结构体类型名,直接定义结构体变量

定义的一般形式为

struct
{
　　成员列表
}变量名表列;

例如,

```
struct
{    int num;
     char name[20];
     float score;
} stu1,stu2;
```

第 3 种方法与第 2 种方法的区别在于第 3 种方法省略了结构体名,而直接给出结构体变量。

9.2.2　结构体的使用

1. 结构体变量成员的表示方法

在程序中使用结构体变量时,往往不把它作为一个整体使用。在 ANSI C 中,除了允许具有相同类型的结构体变量相互赋值以外,一般对结构体变量的使用,包括赋值、输入、输出、运算等都是通过结构体变量的成员实现的。

引用结构体变量成员的一般形式为

结构体变量名.成员名

“.”是结构体成员运算符,优先级为 1 级,结合方向为从左到右。
例如,

```
stu1.num                        /* stu1 变量的 num 成员 */
stu2.score                      /* stu2 变量的 score 成员 */
```

如果成员本身又是一个结构体,则必须逐级找到最低级的成员才能使用。
例如,

```
stu1.birthday.month
```

结构体中的成员可以在程序中单独使用,与普通变量的用法完全相同。

2. 结构体变量的赋值

结构体变量的赋值就是给各成员赋值,可以用输入语句或赋值语句完成。

【例 9.1】　给结构体变量赋值并输出其值。

程序如下:

```
#include "stdio.h"
struct stu
{   int num;
    char name[20];
    int score;
}stu1,stu2;
int main()
{   scanf("%d%s%d",&stu1.num, stu1.name,&stu1.score);
    stu2=stu1;
    printf("Num=%4d Name=%s  Score=%d\n",stu1.num,stu1.name,stu1.score);
    printf("Num=%4d Name=%s  Score=%d\n",stu2.num,stu2.name,stu2.score);
}
```

运行结果:

```
101 lili
80
Num= 101 Name=lili Score=80
Num= 101 Name=lili Score=80
```

【说明】

(1) 对结构体变量进行输入/输出时,只能以成员引用的方式进行,不能对结构体变量进行整体输入/输出。

(2) 与其他变量一样,结构体变量成员可以进行各种运算。

(3) 结构体变量作为整体赋值时,必须赋给同类型的结构体变量,语句"stu2=stu1;"相当于以下 3 条赋值语句:

```
stu2.num=stu1.num;
strcpy(stu2.name,stu1.name);
stu2.score=stu1.score;
```

3. 结构体变量的初始化

和其他类型变量一样,结构体变量可以在定义时进行初始化赋值。

```
struct stu
{   int num;
    char name[20];
```

```
    char sex;
    int score;
}stu1={102,"liyong",'M',80};
```

【说明】　初始化的数据必须符合相应成员的数据类型,同时用逗号分隔,并在顺序和个数上必须一致。

9.3　结构体与函数

结构体变量可以作为函数参数,即直接将实参结构体变量的各个成员的值全部传递给形参的结构体变量,显然,实参和形参的结构体类型必须相同。

【例 9.2】　输入一个学生的信息,并打印出来(输出用函数完成)。

程序如下:

```
#include "stdio.h"
struct stu
{   int num;
    char name[20];
    int score;
}stu1;
void print(struct stu ss)
{   printf("Num=%4d Name=%s  Score=%d\n",ss.num,ss.name,ss.score);
}
int main()
{   scanf("%d",&stu1.num);
    gets(stu1.name);
    scanf("%d",&stu1.score);
    print(stu1);
}
```

运行结果:

```
102 liyong
96
Num=102  Name=liyong  Score=96
```

【说明】　该程序主函数中的语句“print(stu1);”发生了函数调用,stu1 结构体变量作实参,则在 print 函数中,形参必须是同类型的结构体变量,这样实参各成员的值就可以完整地传递给形参,在 print 函数中就可以使用这些值了。

9.4　结构体与数组

一个结构体变量只能存放一个对象(如一个学生)的一组数据,若要存放更多信息,不可能定义很多单个的结构体变量,自然想到使用数组。C 语言允许使用结构体数组,即数组中的每个元素都是结构体类型。

9.4.1　结构体数组的声明

定义结构体数组的方法与定义结构体变量的方法类似,只要多加一对方括号以说明它是一个数组即可。因此,结构体数组的定义也有以下 3 种方法。

1. 先定义结构体类型,再定义结构体数组变量

例如:

```
struct stu
{   int num;
    char name[20];
    float score;
};
struct stu stud[10];
```

2. 在定义结构类型的同时说明结构体数组变量

3. 省略结构体类型名,直接定义结构体数组变量

3 种定义方法的效果是相同的,第 1 种方法中定义了一个结构体数组 stud,该数组共有 10 个元素,即 stud[0]～stud[9],每个数组元素都是 stu 的结构体类型,且每个数组元素所占的内存空间均为 26 字节,整个数组 stud 占用的内存空间为连续的 260 字节。

9.4.2　结构体数组的初始化

定义结构体数组的同时可以给结构体数组赋值,称为结构体数组的初始化。
例如:

```
struct stu
{   int num;
    char name[20];
    char sex;
    float score;
}stud[5]={{101,"Li bing",'M',80}, {102,"Huang gang",'M',90},{103,"Li li",'F',69},
          {104,"Chang hong",'F',45},{105,"Wang ming",'M',85} };
```

【说明】

(1) 当对全部元素做初始化赋值时,也可不给出数组长度。

(2) 该结构体成员 name 是指针类型,用来表示姓名字符串。

(3) 结构体初始化的一般形式是在结构体数组的后面加上"={初值表列};"。

9.4.3　结构体数组的使用

一个结构体数组的元素相当于一个结构体变量,因此前面介绍的关于引用结构体变量的规则也适用于结构体数组的元素。

【例9.3】　计算5个学生的总成绩和平均成绩,并统计成绩不及格的人数。

程序如下:

```c
#include "stdio.h"
struct stu
{   int num;
    char * name;
    char sex;
    float score;
}stud[5]={{101,"Li bing",'M',80}, {102,"Huang gang",'M',90},{103,"Li li",'F',69},
          {104,"Chang hong",'F',45},{105,"Wang ming",'M',85}};
int main()
{   int i,c=0;
    float ave,s=0;
    for(i=0;i<5;i++)
    {
        s+=stud[i].score;
        if(stud[i].score<60) c++;
    }
    printf("s=%f\n",s);
    ave=s/5;
    printf("average=%f\ncount=%d\n",ave,c);
}
```

运行结果:

```
s=369.000000
average=73.800003
count=1
```

【说明】　该程序定义了一个全局结构体数组变量stud,共5个元素,并做了初始化赋值。在main函数中,用for语句逐个累加各元素的score值并存于s,若score的值小于60(不及格),则计数c加1,循环完毕后计算平均成绩,并输出全班总分、平均分及不及格人数。

【例9.4】　对5个学生的成绩进行降序排序并输出。

程序如下:

```c
#include"stdio.h"
#include "stdio.h"
#define N 5
```

```
struct stu
{   int num;
    char name[20];
    int score;
}stud[5];
int main()
{   int i,j;
    struct stu t;
    for(i=0;i<N;i++)
      { scanf("%d",&stud[i].num);
        gets(stud[i].name);
        scanf("%d",&stud[i].score);
      }
    for(i=0;i<N-1;i++)
      for(j=i+1;j<N;j++)
        if(stud[i].score<stud[j].score)
          { t=stud[i];
            stud[i]=stud[j];
            stud[j]=t;
          }
    for(i=0;i<N;i++)
        { printf("Num=%-4dName=%-20sScore=%d",
          stud[i].num,stud[i].name,stud[i].score);
          printf("\n");
        }
}
```

输入数据：

```
101 Liming
90
102 Zhangqiang
98
103 Liuhuan
78
104 Zhengzhen
52
105 Lidong
88
```

输出结果：

```
Num=0    Name=Zhangqiang          Score=98
Num=0    Name=Liming              Score=90
Num=1002Name=                     Score=0
```

```
Num=1001Name=                    Score=0
Num=1003Name=                    Score=0
```

【说明】　该程序定义了一个全局结构体数组变量 stud，共 5 个元素。在 main 函数中，用顺序排序法对学生成绩进行降序排序，在排序过程中若出现信息交换，则中间变量 t 的类型必须是 struct stu 结构体类型，其交换的是一个学生的姓名、成绩等所有数据。

9.5　结构体与指针

9.5.1　指向结构体的指针

当一个指针变量用来指向一个结构体变量时，称为结构体指针变量。结构体指针变量中的值是所指的结构体变量的首地址。通过结构体指针即可访问该结构体变量。

定义结构体指针变量的一般形式为

struct 结构体类型名　* 结构体指针变量名

例如，前面定义了 stu 这个结构体，如果要说明一个指向 stu 的指针变量 pstu，可写为

```
struct stu * pstu;
struct stu stu1;
```

当然，也可在定义 stu 结构体类型的同时定义结构体指针变量 pstu。与前面讨论的各类指针变量相同，结构体指针变量也必须先赋值、后使用。赋值是指把结构体变量的首地址赋予该指针变量，不能把结构体名赋予该指针变量。如果 stu1 是被定义为 stu 类型的结构体变量，则

```
pstu=&stu1
```

是正确的，而

```
pstu=&stu
```

是错误的。

结构体类型名和结构体变量是两个不同的概念，不能混淆。结构体类型名只能表示一个结构体形式，编译系统并不为它分配内存空间。只有当某变量被说明为这种类型的结构体时，才为该变量分配存储空间，因此 &stu 这种写法是错误的，不能取一个结构体名的首地址。有了结构体指针变量，就能更方便地访问结构体变量的各个成员了。

用结构体指针访问结构体成员的一般形式为

结构体类型指针变量->成员名

或

(* 结构体指针变量).成员名

例如，

```
( * pstu) .num
```

或者

```
pstu->num
```

注意：(* pstu)两侧的括号必不可少，因为成员符"."的优先级高于" * "。如果去掉括号写作 * pstu.num，则等效于 * (pstu.num)，意义就完全不对了。

下面通过例子说明结构指针变量的具体使用方法。

【例 9.5】　结构体指针变量的使用。

程序如下：

```
#include "stdio.h"
struct stu
{   int num;
    char name[20];
    int score;
} stud={101,"Liu gang",76}, * pstu;
int main()
{   pstu=&stud;
    printf("Num=%4d Name=%s Score=%d\n",stud.num,stud.name,stud.score);
    printf("Num=%4d Name=%s Score=%d\n", ( * pstu) .num, ( * pstu) .name,
( * pstu) .score);
    printf("Num=%4d Name=%s Score=%d\n", pstu-> num, pstu-> name, pstu->
score);
}
```

运行结果：

```
Num= 101 Name=Liu gang Score=76
Num= 101 Name=Liu gang Score=76
Num= 101 Name=Liu gang Score=76
```

【说明】　该程序定义了一个结构体类型 stu 和该结构体类型的结构体变量 stud，并对变量 stu 做了初始化赋值，同时定义了一个指向该结构体类型的指针变量 pstu。在 main 函数中，pstu 被赋予 stud 的地址，因此 pstu 指向 stud，然后在 printf 语句内用 3 种形式输出了 stud 的各个成员值。

至此，对结构体成员的引用方法共有以下 3 种：

结构体变量.成员名
(* 结构体指针变量).成员名
结构体指针变量->成员名

这 3 种表示结构成员的引用方法是完全等效的。

例如，

```
struct stu
{   int num;
    char name[20];
    float score;
} stud, * p;
p=&stud;
```

则引用结构体成员 num 有以下 3 种方法：①stud.num；②(＊p).num；③p－>num；其中，"."和"－>"的运算符优先级最高，是一级。注意以下操作的区别。

＋＋p－>num：将 p 所指的结构体变量的成员 num 加 1 后再使用。

(＋＋p)－>num：先使 p 自增 1（指向下一个单元），然后使用成员 num 的值。

这两种操作方法有本质区别，前者使 p 所指的单元中的成员 num 的值发生了变化，但指针变量所指的单元没有变化；后者已指向下一个单元，常用在结构体数组操作中。

9.5.2　结构体数组与指针

指针变量可以指向一个结构体数组，这时结构体指针变量的值是整个结构体数组的首地址。结构体指针变量也可指向结构体数组的一个元素，这时结构体指针变量的值是该结构体数组元素的首地址。

设 p 为指向结构体数组的指针变量，则 p 也指向该结构体数组的第 0 号元素，p＋1 指向数组的第 1 号元素，p＋i 则指向数组的第 i 号元素。这与指针变量指向普通数组的情况是一致的。

【例 9.6】　用指针变量输出结构体数组。

程序如下：

```
#include "stdio.h"
struct stu
{   int num;
    char name[20];
    char sex;
    int score;
}stud[5]={{101,"Li bing",'M',80}, {102,"Huang gang",'M',90},{103,"Li li",'F',69},
        {104,"Chang hong",'F',45},{105,"Wang ming",'M',85}};
int main()
{   struct stu * p;
    printf("Num    Name    Sex    Score:\n");
    for(p=stud;p<stud+5;p++)
      printf("%4d%10s%c%4d\n",p->num,p->name,p->sex,p->score);
}
```

运行结果：

```
Num       Name      Sex   Score:
101      Li bing      M      80
102      Huang gang   M      90
103      Li li        F      69
104      Chang hong   F      45
105      Wang ming    M      85
```

【说明】　在程序中，定义了结构体类型 stu 的全局数组 stud 并做了初始化赋值。在 main 函数内定义 p 为指向 stu 类型的指针。在循环语句 for 的表达式 1 中，p 被赋予 stud 的首地址，然后循环 5 次，输出 stud 数组中各成员的值。

需要注意的是，一个结构体指针变量虽然可以访问结构体变量或结构体数组元素的成员，但是不能使它指向一个成员，即不允许取一个成员的地址赋予它。因此，下面的赋值是错误的。

```
p=&stud[0].sex;
```

而只能是

```
p=stud;                          /* 赋予数组首地址 */
```

或

```
p=&stud[1];                      /* 赋予数组第 1 号元素首地址 */
```

9.5.3　结构体指针变量作函数参数

在 ANSI C 标准中，允许用结构体变量作函数参数进行整体传送，但是这种传送要将全部成员逐个传送，特别是当成员为数组时会使传送的时间和空间开销变得很大，大幅降低程序的效率。最好的办法就是使用指针，即用指针变量作函数参数进行传送。这时，由实参传向形参的只是地址，从而减少了时间和空间的开销。

【例 9.7】　用结构体指针作函数参数完成例 9.4，对 5 个学生的成绩进行降序排序并输出。

程序如下：

```
#include "stdio.h"
#define N 5
struct stu
{   int num;
    char name[20];
    int score;
}stud[5];
int main()
{   void sort(struct stu * p,int n);
```

```
      int i;
      for(i=0;i<N;i++)
      {
        scanf("%d",&stud[i].num);
        gets(stud[i].name);
        scanf("%d",&stud[i].score);
      }
      sort(stud,N);
      for(i=0;i<N;i++)
      {   printf("Num=%4d Name=%s Score=%d",stud[i].num,stud[i].name,stud[i].
  score);
          printf("\n");
      }
  }
  void sort(struct stu * p,int n)
  {   int i,j;
      struct stu t;
      for(i=0;i<n-1;i++)
        for(j=i+1;j<n;j++)
          if(p[i].score<p[j].score)
            { t=p[i];
              p[i]=p[j];
              p[j]=t;
            }
  }
```

　　【说明】　该程序定义了一个全局结构体数组变量 stud，共 5 个元素。在 main 函数中，调用 sort 函数完成学生成绩的降序排序，由于实参为结构体数组 stud 的首地址，因此形参用指向同类型的结构体指针变量 p 接收，用 p 代替数组 stud 进行排序，在排序过程中若出现变量交换，则中间变量 t 的类型必须是结构体类型 struct stu。

　　【例 9.8】　实现学生成绩管理系统 3.0 版。

　　【分析】　主要功能包括姓名和成绩的录入、求每个学生的总成绩、成绩查询、成绩排序等。用一个结构体数组存储学生信息。

　　程序如下：

```
#include "stdio.h"
#include "string.h"
#define N 30
#define M 3
struct student
{   char name[30];
    int score[M+1];
}stu[N];
void print();
```

```
void in()                          /* 输入姓名和成绩 */
{   int i,j;
    for(i=0;i<N;i++)
      { gets(stu[i].name);
        for(j=0;j<M;j++)
          scanf("%d",&stu[i].score[j]);
        getchar();
      }
    printf("shujushurujieshu\n");
    print();
}
void query(char nam[])             /* 根据姓名查询成绩 */
{   int i,j;
    for(i=0;i<N;i++)
      if(strcmp(nam,stu[i].name)==0)
        { puts(stu[i].name);
          for(j=0;j<M;j++)
            printf("%5d",stu[i].score[j]);
          printf("\n");
          break;
        }
      if(i==N) printf("查无此人\n");
}
void sort(int n)                   /* 按第 n 科成绩排序 */
{   int i,j;
    struct student t;
    for (i=0;i<N-1;i++)
      for (j=0;j<N-1-i;j++)
        if (stu[j].score[n]<stu[j+1].score[n])
        { t=stu[j];
          stu[j]=stu[j+1];
          stu[j+1]=t;
        }
    print();
}
void calc()                        /* 按不同的选择排序 */
{   int i,choos;
    printf("--------------选择排序内容---------------\n");
    printf("----------------------------------\n");
    printf("   1:单科排序                     \n");
    printf("   2:按总分排序                   \n");
    printf("   0:退出                         \n");
    printf("   请选择   0-2                   \n");
    printf("----------------------------------\n");
```

```
        scanf("%d",&choos);
        switch(choos)
        { case 1: printf("输入按第几科排序的数字"); scanf("%d",&i);sort(i);break;
          case 2: sort(M);break;          /* M表示按总分排序 */
          case 0: exit(0);
        }
    }
void print()                        /* 输出全部成绩 */
{   int i,j;
    for(i=0;i<N;i++)
      { printf("%s",stu[i].name);
        for (j=0;j<M+1;j++)
          printf("%4d",stu[i].score[j]);
        printf("\n");
      }
}
void edt()                          /* 求每个学生的总分 */
{   int i,j;
    for(i=0;i<N;i++)
      for(j=0;j<M;j++)
        stu[i].score[M]+=stu[i].score[j];
    print();
}
int main()
{   int sel;
    char s[30];
    do
      {
      printf("------------学生成绩管理系统------------\n");
      printf("--------------------------------------\n");
      printf("        1: 成绩录入                    \n");
      printf("        2: 成绩查询                    \n");
      printf("        3: 成绩排序                    \n");
      printf("        4: 成绩管理(求每个学生的总分)    \n");
      printf("        5: 成绩输出                    \n");
      printf("        0: 退出                        \n");
      printf("        请选择   0-5                   \n");
      printf("--------------------------------------\n");
      scanf("%d",&sel);getchar();
      switch(sel)
        {case 1: in();break;
         case 2: printf("shuruxingming\n");gets(s);query(s);break;
         case 3: calc();break;
         case 4: edt();break;
```

```
        case 5: print();break;
        case 0: exit(0);
        }
    }while(1);
}
```

结构体是用户自己建立的由不同类型的数据组成的复合型数据结构,通过对学生成绩管理系统进行改进,引入结构体类型表示一个学生的完整信息,与数组相比,其可以更好地反映学生信息的内在联系。就像客观世界中事物的发展总是千变万化的,很难用一种定律或一种模式表达或者解析。例如计算机的发展历程,由第一代电子管计算机发展到今天的具有人工智能的新一代计算机,我们对事物的认识越来越深入,对世界的表达也越来越丰富。因此,我们对事物的认知要全面,不可片面;看待问题要有全局观,不可狭隘。

9.6 结构体与链表

9.6.1 链表的概念

我们知道,若要把 100 个整数存储起来,应该用数组完成,只要定义一个长度为 100 的整型数组,就能方便地解决数据存储问题。但是,若要存储一大批整数,而且不知道它的确切个数,再使用数组存储就不那么方便了,因为很难为数组说明一个合适的长度,使得既不浪费存储空间,又能够把数据存储起来。显然,数组这种固定长度的数据结构并不适合存储大量未知个数的数据,它要么会因定义数组长度过大而造成存储空间的大量浪费,要么会因数组长度不够而使得预先分配的空间不足,也就是说,很难达到正好。显然,这个时候就需要动态分配存储空间,即有一个数据就分配一个相应的存储空间,既避免了空间的浪费,又避免了空间的不足。链表就是解决这个问题的有效方法。

链表是一种非固定长度的数据结构,采用动态存储技术,它能够根据数据的结构特点和数量使用内存,尤其适合数据个数可变的数据存储。

使用链表存储数据的原理与数组不同,它不需要事先说明要存储的数据数量,系统也不会提前准备很大的存储空间,而是在存储数据时通过动态内存分配函数从系统获取一定数量的内存,用于数据存储。需要多少就申请多少,系统就分配多少;不用时,就将占用的内存释放。

若用链表存储表 9.1 的数据,即存储学生数据信息,则可以用如下描述完成。

(1) 申请一段内存 M,并把它分成两部分:一部分为数据区,用于存储数据;另一部分为地址区,用于存储下一次申请到的内存段的首地址。

(2) 将一个学生的数据存储在 M 的数据区中。

(3) 若当前是第一个数据,则将 M 的首地址保存在指针变量 head 中;否则将 M 的首地址保存在上一个数据内存段的地址区。

(4) 重复(1)~(3)的过程,直到所有数据都存储完成,在最后一段内存的地址区存储一个结束标志。产生的链表如图 9.2 所示。

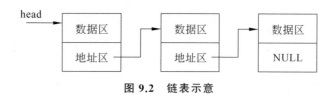

图 9.2　链表示意

构成链表的每个独立的内存段称为链表的结点,结点中存储数据的部分称为结点数据域,存储下一个结点地址的部分称为结点指针域,指向第一个结点的指针称为链表的头指针。在单向链表中要想找到一个结点,必须先找到它的上一个结点,然后根据它提供的下一个结点地址才能找到下一个结点。如果链表不提供头指针,那么链表的任何一个结点都将无法访问。

链表解决了用数组存储不确定数据的问题,同时,链表还有其他优点,例如,当需要在存储数据中插入一个数据时,仅需要在链表的适当位置插入一个结点即可;当需要删除一个数据时,只需要把对应的结点从链表中删除即可。而用数组存储时,不管插入还是删除数据,都需要进行大量的元素移动。但链表也有缺点,其访问元素没有数组方便,链表的各个结点是不连续的,必须通过链表的头结点才能访问元素,它往往包含一个沿着指针链查找结点的过程;而访问数组元素则十分方便,只需要通过元素下标就能立即访问指定的元素。

9.6.2　动态分配内存

Ｃ语言提供了一些内存管理函数,这些内存管理函数可以按需要动态地分配内存空间,也可以把不再使用的空间回收待用,为有效地利用内存资源提供了手段。常用的内存管理函数有以下 3 个。

1. 分配内存空间函数 malloc

调用形式为

(类型标识符 *)malloc(size)

功能:在内存的动态存储区中分配一块长度为 size 字节的连续区域,函数返回值为该区域的首地址。"类型标识符"表示把该区域用于何种数据类型。"(类型标识符 *)"表示把返回值强制转换为该类型指针。size 是一个无符号数。

例如:

```
pc=(char *)malloc(100);
```

表示分配 100 字节的内存空间,并强制转换为字符指针类型,函数返回值为指向该空间首地址的指针,把该指针赋予指针变量 pc。

2. 分配内存空间函数 calloc

调用形式为

(类型标识符 *)calloc(n,size)

功能：在内存动态存储区中分配 n 块长度为 size 字节的连续区域,函数返回值为该区域的首地址。"类型标识符"表示把该区域用于何种数据类型。"(类型标识符 *)"表示把返回值强制转换为该类型指针。size 是一个无符号数。

calloc 函数与 malloc 函数的区别仅在于 calloc 函数一次可以分配 n 块区域。

例如：

```
ps=(struet stu * )calloc(2,sizeof(struct stu));
```

其中的 sizeof(struct stu)是求 stu 的结构长度,因此该语句的意思是：分配 2 个 stu 长度的连续区域,强制转换为 stu 类型,并把其首地址赋予指针变量 ps。

3. 释放内存空间函数 free

调用形式为

free(ptr);

功能：释放 ptr 所指的一块内存空间,ptr 是任意类型的指针变量,它指向被释放区域的首地址。被释放区域应是由 malloc 函数或 calloc 函数分配的区域。

例如：

```
free(ps);
```

释放 ps 指向的内存区域,该函数无返回值。

【**例 9.9**】　分配一块区域,输入一个学生的数据。

程序如下：

```
#include "stdio.h"
int main()
{   struct stu
    {   int num;
        char * name;
        char sex;
        float score;
    } * ps;
    ps=(struct stu * )malloc(sizeof(struct stu));
    ps->num=102;
    ps->name="Huang bin";
    ps->sex='M';
    ps->score=62.5;
    printf("Number=%d\nName=%s\n",ps->num,ps->name);
    printf("Sex=%c\nScore=%f\n",ps->sex,ps->score);
    free(ps);
}
```

运行结果：

```
Number=102
Name=Huang bin
Sex=M
Score=62.500000
```

【说明】 本例中定义了结构体类型 stu,定义了 stu 类型指针变量 ps,然后分配了一块 stu 内存区,并把首地址赋予 ps,使 ps 指向该区域,再以 ps 为指向结构体的指针变量为各成员赋值,并用 printf 输出各成员的值,最后用 free 函数释放 ps 指向的内存空间。整个程序包含申请内存空间、使用内存空间、释放内存空间三个步骤,实现了存储空间的动态分配。

9.6.3 用结构体实现链表

链表的结点是一个结构体类型,它至少拥有一个指针类型的成员,该成员用于指向链表中的其他结点,它的指针类型就是链表中结点的数据类型。因此要想定义一个链表结点的结构,需要两方面的信息:一方面定义数据存储对应的各个成员;另一方面定义指向其他结点的指针成员。

例如,一个存放学生学号和成绩的结点应为以下结构:

```
struct stu
{   int num;
    int score;
    struct stu * next;
};
```

前两个成员项为数据域,后一个成员项 next 为指针域,它是一个指向结构体类型 stu 的指针变量,并通过 next 指针使结点一个个地被连接起来,形成链表。

下面是在 C 语言中生成一个链表结点的一般过程。

(1) 向系统申请一个内存段,其大小由结点的数据类型决定。对于 struct stu 类型的结点,其大小为 sizeof(struct stu)。可以用 malloc 函数和 calloc 函数实现申请动态内存的操作,这两个函数的返回值是获得的内存段的首地址。

(2) 指定内存段的数据类型。由于动态内存分配函数只负责为程序分配指定大小的内存空间,并不规定这段内存的存储数据的类型,因此在使用时要为这个内存空间指定数据类型,并使用一个与结点类型一致的指针变量指向它。

例如:

```
p=(结点数据类型 * )malloc(sizeof(结点数据类型));
```

(3) 为申请的结点添加数据。这个过程就是为结构体变量的各个成员赋值,对指针域成员赋值的目的是使一个独立的结点连接到链表。

9.6.4 链表的操作

链表的操作有很多种,最基本的操作是建立链表,在链表中插入结点、删除结点、查找结点等,下面主要介绍单向链表,用来对学生信息进行操作。

链表结点的结构体类型如下:

```
#define STUDENT  struct student
STUDENT
{   long int num;
    float score;
    STUDENT * next;
};
#define LEN sizeof(STUDENT)
#define NULL 0
int n=0;
```

1. 链表的建立

建立链表的过程就是把一个个结点插入链表的过程,其主要操作为申请一个结点的存储空间并输入数据,将该结点接到原链表的尾部,该过程重复进行,直到输入学号为 0 时为止。

【例 9.10】 写出建立链表的函数。

```
#include <stdio.h>
#include <stdlib.h>
#define STUDENT  struct student
STUDENT
{   long int num;
    float score;
    STUDENT * next;
};
#define LEN sizeof(STUDENT)
#define NULL 0
int n=0;
int main()
{
STUDENT * creat();
{   STUDENT * head, * end, * p1;
    long inum;
    float fscore;
    printf("input date format(ld~f):\n");
    scanf("%ld%f", &inum, &fscore);
    head=NULL;
    while(inum!=0)
```

```
    {   n=n+1;
        p1=(STUDENT *)malloc(sizeof(LEN));     /*申请结构体类型的存储空间*/
        p1->num=inum;  p1->score=fscore; p1->next=NULL;
        if(n==1) {head=p1;end=p1;}              /*如果是第一个结点,就是头结点*/
        else  {end->next=p1; end=p1;}          /*将新结点接到原链表的尾部*/
        scanf("%ld%f",&inum,&fscore);          /*输入下一个结点的数据*/
    }
    return(head);
}}
```

【说明】 creat 函数用于建立一个学生信息的链表,它是一个指针函数,它返回的指针指向 STUDENT 结构体。在 creat 函数内定义了 3 个 STUDENT 结构的指针变量。head 为头指针,p1 为指向新分配结点的指针变量,end 为两个相邻结点的后一结点的指针变量。在 while 语句内,用 malloc 函数建立长度与 STUDENT 长度相等的空间作为一个结点,首地址赋予 p1,然后输入结点数据,如果当前结点为第一结点(n==1),则把 p1 的值(该结点的指针)赋予 head 和 end;否则把 p1 的值赋予 end 所指结点的指针域成员 next;最后把 p1 的值赋予 end 以为下一次循环做准备。当输入的学号为 0 时,链表建立结束。

2. 链表的输出

链表的输出比较简单,只要将链表中各结点的数据依次输出即可。在输出链表时,必须知道链表头的地址,直到输出链表尾结束。

【例 9.11】 写出输出链表的函数 print。

函数如下:

```
void print(STUDENT *head)
{   STUDENT  *p;
    printf("\nNow These %d records are:\n",n);     /*n 为建立的结点数目*/
    p=head;
    while(p!=NULL)
    {   printf("%8ld %5.1f\n",p->num,p->score);
        p=p->next;                                 /*指向下一个结点*/
    }
}
```

3. 链表的插入

链表的插入操作是以结点某一成员为参照的,本例以学号由小到大为原则,插入分为以下几种情况:

(1) 如果链表为空,则插入的结点作为第一个结点;

(2) 如果学号比链表内所有结点的学号都小,则该结点作为头结点;

(3) 如果学号比链表内所有结点的学号都大,则该结点作为尾结点;

(4) 如果插入的结点小于某一结点而大于另一结点,则该结点应插入中间。

链表插入过程如图 9.3 所示。

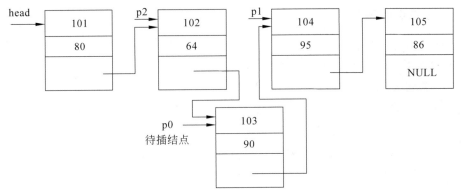

图 9.3　链表插入过程

【例 9.12】　写出插入链表结点的函数 insert。

函数如下：

```
STUDENT * insert(STUDENT * head,STUDENT * stud)
{   STUDENT * p0, * p1, * p2;
    p1=head;
    p0=(STUDENT * malloc(sizeof(LEN));
    p0->num=stud->num;
    p0->score=stud->score;
        if(head==NULL)   {head=p0;p0->next=NULL;}
        else
        {while((p0->num>p1->num)&&(p1->next!=NULL))
          {   p2=p1;
              p1=p1->next;
          }
        if(p0->num<=p1->num)
          if(p1==head) {p0->next=p1;head=p0;}
          else {p2->next=p0; p0->next=p1;}
        else  {p1->next=p0;p0->next=NULL;}
        }
    n=n+1;
    return(head);
}
```

【说明】　本函数的两个形参均为指针变量，head 指向链表，stud 指向被插结点。函数首先判断链表是否为空，为空则使 head 指向被插结点，不空则用 while 语句循环查找插入位置。找到之后再判断是否在第一结点之前插入，若是则使 head 指向被插结点，指针域指向原第一结点，否则在其他位置插入。若插入的结点大于表中的所有结点，则在表末插入。本函数返回一个指针，是链表的头指针。当插入的位置在第一个结点之前时，插入的新结点成为链表的第一个结点，因此 head 的值也会改变，故需要把这个指针返回主调函数。

4. 链表结点的删除

删除情况有以下几种：

(1) 没有发现要删除的对象；

(2) 删除的结点是头结点；

(3) 删除的结点是中间结点；

(4) 删除的结点是尾结点。

【例 9.13】 编写函数 del，删除链表中的指定结点。

函数如下：

```
STUDENT  * del(STUDENT * head, long num)
{   STUDENT  * p1, * p2;
    if(head==NULL) {printf("list null\n");return(head);}
    p1=head;
    while(p1->num!=num && p1->next!=NULL)
      {p2=p1; p1=p1->next;}
    if(num==p1->num)
      { if(p1==head) head=p1->next;
      else p2->next=p1->next;
      printf("delete:%ld\n",num);
      free(p1);
      n=n-1;
      }
    else printf("%ld not been found!\n",num);
    return(head);
}
```

【说明】 函数有两个形参，head 为指向链表第一结点的指针变量，num 为删除结点的学号。首先判断链表是否为空，为空则不可能有被删结点；不空则使 p1 指针指向链表的第一结点。进入 while 语句后逐个查找被删结点，找到被删结点之后再看其是否为第一结点，若是则使 head 指向第二结点(把第一结点从链中删除)，否则使被删结点的前一结点(p2 所指)指向被删结点的后一结点(被删结点的指针域所指)。若循环结束时未找到要删除的结点，则输出"not been found!"的提示信息，最后返回 head 的值，过程如图 9.4 所示。

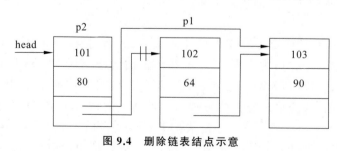

图 9.4 删除链表结点示意

【例 9.14】　将以上建立链表、输出链表、删除链表结点、插入链表结点的函数组织在一起，然后用 main 函数调用它们，完成对链表的基本操作。

程序如下：

```
#define NULL 0
int n=0;                                        /* n 表示链表建立的结点数目 */
#define STUDENT struct student
#define LEN sizeof(STUDENT)
#include "stdio.h"
STUDENT
{   long int num;
    float score;
    STUDENT * next;
};
STUDENT  * creat()
{   STUDENT  * head, * end, * p1;
    long inum;
    float fscore;
    printf("input date format(ld~ f):\n");
    scanf("%ld%f",&inum,&fscore);
    head=NULL;
    while(inum!=0)
      {   n=n+1;
          p1=(STUDENT * ) malloc(sizeof(LEN));
          p1->num=inum;  p1->score=fscore;  p1->next=NULL;
          if(n==1) {head=p1;end=p1; }
          else   {end->next=p1; end=p1; }
          scanf("%ld%f",&inum,&fscore);
      }
    return(head);
}
void print(STUDENT   * head )
{   STUDENT   * p;
    printf("\nNow These %d records are:\n",n);    /* n 为建立的结点数目 */
    p=head;
    while(p!=NULL)
      {printf("%8ld %5.1f\n",p->num,p->score);
        p=p->next;
      }
}
STUDENT * insert(STUDENT * head , STUDENT * stud)
{   STUDENT   * p0, * p1, * p2;
    p1=head;
    p0=(STUDENT * )malloc(LEN);
```

```
        p0->num=stud->num;
        p0->score=stud->score;
        if(head==NULL)  {head=p0;p0->next=NULL;}
        else
          { while((p0->num>p1->num)&&(p1->next!=NULL))
            { p2=p1;
               p1=p1->next;
            }
          if(p0->num<=p1->num)
            if(p1==head) {p0->next=p1;head=p0;}
            else {p2->next=p0; p0->next=p1;}
          else  {p1->next=p0;p0->next=NULL;}
            }
    n=n+1;
    return(head);
}
STUDENT  * del(STUDENT  * head , long num)
{   STUDENT  * p1, * p2;
    if(head==NULL) {printf("list null\n");return(head);}
    p1=head;
    while(p1->num!=num && p1->next!=NULL)
      {p2=p1; p1=p1->next;}
    if(num==p1->num)
      {   if(p1==head)   head=p1->next;
          else   p2->next=p1->next;
          printf("delete:%ld\n",num);
          free(p1);
          n=n-1;   }
    else printf("%ld not been found! \n",num);
    return(head);
}
int main()
{   STUDENT * head, stu, * pnum;
    long int num;
    printf("input number of node: ");
    head=creat();
    print(head);
    printf("Input the inserted number and age: ");
    pnum=( STUDENT * ) malloc(sizeof(LEN));
    scanf("%ld%f",&stu.num,&stu.score); stu.next=NULL;
    head=insert(head,&stu);
    print(head);
    printf("Input the deleted number: ");
    scanf("%ld",&num);
```

```
head=del(head,num);
print(head);
}
```

9.7 共 用 体

9.7.1 共用体概述

共用体是 C 语言中的一种特殊的数据类型,它是多个成员的组合体,但它与结构体不同,共用体的成员被分配在同一段内存空间中,它们的开始地址相同,使得同一段内存由不同的变量共享。共享使用这段内存的变量既可以具有相同的数据类型,也可以具有不同的数据类型。例如,可以使整型变量 i、字符型变量 c、浮点型变量 f 共同使用从某一地址开始的同一段内存单元,如图 9.5 所示。i、c 和 f 三个变量都使用起始地址是 1000 的一段内存,i 使用 1000、1001 两个内存单元,c 使用 1000 一个内存单元,f 使用 1000～1003 四个内存单元。这种多个变量共用同一段内存的结构称为共用体类型。共用体类型属于构造类型,它需要用 union 关键字按照一定的格式进行定义,然后才能作为数据类型在程序中使用。

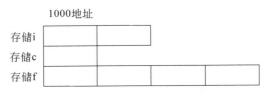

图 9.5 多个变量共用内存

9.7.2 共用体类型的定义

定义共用体类型的一般形式为

union 共用体名
{
　　成员表
};

其中,union 为关键字,"成员表"中含有若干成员,成员的一般形式为

类型标识符 成员名

成员名的命名应符合标识符的规定。

例如:

```
union data
{    int i;
```

```
        char c;
        float f;
    };
```

定义了一个名为 data 的共用体类型，它含有 3 个成员，一个为整型，成员名为 i；一个为字符型，成员名为 c；另一个为 float 型，成员名为 f。定义共用体类型之后，即可定义共用体变量。

9.7.3 共用体变量的声明

共用体变量也有和结构体变量的定义方式类似的 3 种定义形式。

1. 先定义共用体类型，再定义共用体变量

例如：

```
union data
{   int i;
    char c;
    float f;
};
union data d1,d2;
```

该方式定义了共用体类型 union data，并使用共用体类型 union data 定义了变量 d1、d2。

2. 共用体类型与共用体变量同时定义

该方式可以在定义共用体类型的同时定义共用体类型的变量。

3. 直接定义共用体变量

该方式可以在定义共用体类型的同时定义共用体类型的变量，并省略共用体类型名。

共用体类型和共用体变量的定义在形式上与结构体的定义十分相似，但在本质上却有很大的区别，请读者注意结构体与共用体的区别。

（1）结构体说明的是一个组合型数据，多个不同的数据项可以作为一个数据整体对待；而共用体说明的是内存的一种共享机制，多个不同的变量可以使用同一段内存空间。

（2）结构体中的各个成员有不同的地址，所占内存的长度等于全部成员所占内存的长度之和；而共用体中的各成员有相同的地址，所占内存的长度等于最长成员所占内存的长度。

由于共用体中的各成员使用共同的存储区域，所以共用体中的空间在某一时刻只能保持某一成员的数据，即向其中一个成员赋值时，共用体中其他成员的值也会随之发生改变。

9.7.4　共用体的使用

由于共用体中的多个变量共享同一段内存,因此单独使用共用体变量没有任何意义,只能通过引用共用体的成员使用共用体变量。

共用体变量的成员引用方式为

共用体变量名.成员名

例如,d1 被说明为 data 类型的变量之后,可使用 d1.i、d1.c 和 d1.f 成员,不允许只用共用体变量名做赋值或其他操作,也不允许对共用体变量做初始化赋值,赋值只能在程序中进行。需要强调的是,一个共用体变量每次只能赋予一个成员值,换句话说,一个共用体变量的值就是共用体变量的某一个成员的值。

【例 9.15】　分析以下程序的执行结果。

```c
#include "stdio.h"
union date
{   int i;
    char c;
    char s[2];
}d;
int main()
{   d.i=0x4130;
    printf("d.i=%x\n",d.i);
    printf("d.c=%x\n",d.c);
    printf("d.s[0]=%x\n",d.s[0]);
    printf("d.s[1]=%x\n",d.s[1]);
}
```

运行结果:

```
d.i=4130
d.c=30
d.s[0]=30
d.s[1]=41
```

【分析】

在共用体变量 d 中,成员 i、c 和 s[2]共享同一段内存,变量 d 的长度为 2。执行赋值语句"d.i=0x4130;"后的内存使用情况如图 9.6 所示。

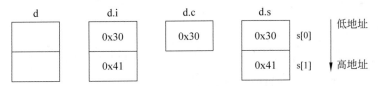

图 9.6　共用体变量 d 占用内存的情况

9.8 枚举类型数据

9.8.1 枚举类型的定义

在实际问题中,有些变量的取值被限定在一个有限的范围内。例如,一周内只有 7 天,一年只有 12 个月,一个班每周有 6 门课程,等等。把这些量说明为整型、字符型或其他类型显然是不妥当的。为此,C 语言提供了一种称为枚举的类型。在枚举类型的定义中可以列举出所有可能的取值。应该说明的是,枚举类型是一种基本数据类型,而不是一种构造类型,因为它不能再分解为任何基本类型。

定义枚举类型的一般形式为

enum 枚举名 {枚举值表};

enum 为定义枚举类型的关键字,在"枚举值表"中应列出所有可用值,这些值称为枚举元素。

例如:

```
enum weekday{ sun,mou,tue,wed,thu,fri,sat };
```

该枚举名为 weekday,枚举值共有 7 个,即一周中的 7 天。凡被说明为 weekday 类型变量的取值只能是 7 天中的某一天。

9.8.2 枚举类型变量的声明

如同结构体和共用体一样,枚举变量也可用不同的方式说明,即先定义、后说明,同时定义说明或直接说明。

设有变量 a、b、c 被说明为上述 weekday 变量,可采用以下任一方式:

```
enum weekday{ sun,mou,tue,wed,thu,fri,sat };
enum weekday a,b,c;
```

或

```
enum weekday{ sun,mou,tue,wed,thu,fri,sat }a,b,c;
```

或

```
enum { sun,mou,tue,wed,thu,fri,sat }a,b,c;
```

9.8.3 枚举类型变量的使用

枚举类型变量在使用中有以下规定。

(1) 枚举值是常量,不是变量,不能在程序中用赋值语句再为它赋值。

例如,对枚举 weekday 的元素再做以下赋值:

```
sun=5;
```

```
mon=2;
sun=mon;
```

都是错误的。

（2）枚举元素本身由系统定义了一个表示序号的数值，从第一个枚举元素开始顺序定义为 0,1,2,…。如在 weekday 中，sun 值为 0，mon 值为 1，以此类推，sat 值为 6。

【例 9.16】　阅读程序，分析运行结果。

程序如下：

```
#include "stdio.h"
int main()
{   enum weekday  { sun,mon,tue,wed,thu,fri,sat } a,b,c;
    a=sun;
    b=mon;
    c=tue;
    printf("%d,%d,%d",a,b,c);
}
```

运行结果：

```
0,1,2
```

（3）只能把枚举值赋予枚举变量，不能把元素的数值直接赋予枚举变量。

例如：

"a＝sum；b＝mon；"是正确的。

"a＝0;b＝1;"是错误的。

如果一定要把数值赋予枚举变量，则必须用强制类型转换。

例如：

```
a=(enum weekday)2;
```

其意义是将顺序号为 2 的枚举元素赋予枚举变量 a，相当于

```
a=tue;
```

需要说明的是，枚举元素不是字符常量，也不是字符串常量，使用时不要加单双引号。

9.9　类型定义符 typedef

　　C 语言不仅提供了丰富的数据类型，而且允许用户自己定义类型说明符以代替已有的类型名，也就是说，允许用户为数据类型取"别名"。类型定义符 typedef 即可用来完成此功能。例如，有整型量 a 和 b，其说明如下：

```
int a,b;
```

其中，int 是整型变量的类型说明符。int 的完整写法为 integer，为了增加程序的可读性，

可以把整型说明符用 typedef 定义为

　　　typedef int INTEGER

以后就可以用 INTEGER 代替 int 作为整型变量的类型说明了。

　　例如：

　　　INTEGER a,b;

等效于

　　　int a,b;

　　用 typedef 定义数组、指针、结构等类型将带来很大的方便，不仅可以使程序的书写更简单，而且能使程序的意义更明确，从而增强程序的可读性。

　　例如：

　　　typedef char NAME[20];

　　表示 NAME 是字符数组类型，数组长度为 20。然后可用 NAME 说明变量，例如：

　　　NAME a1,a2,s1,s2;

完全等效于

　　　char a1[20],a2[20],s1[20],s2[20];

　　又如：

　　　typedef struct stu
　　　{　char name[20];
　　　　　int age;
　　　} STU;

定义 STU 表示 stu 的结构类型，然后可用 STU 说明结构变量为

　　　STU body1,body2;

　　定义 typedef 的一般形式为

　　　typedef 原类型名　新类型名

其中，"原类型名"中含有定义部分，"新类型名"一般用大写字母表示，以便于区别。

　　有时也可用宏定义代替 typedef 的功能，但是宏定义是由预处理完成的，而 typedef 则是在编译时完成的，后者更为灵活方便。

9.10　位　运　算

　　Ｃ语言具有位运算功能，可以方便地解决一些与硬件相关的问题，再加上丰富的指针运算，使其在计算机检测和控制领域得到了广泛应用。

9.10.1　位运算符

位运算可以直接对内存中的二进制位进行运算,其操作数只能是整型或者字符型,不能是浮点型。C 语言提供了 6 种位运算符,可以实现按位取反、移位等位操作,如表 9.2 所示。位运算符的优先级顺序为～、<<(>>)、&、^、|。位运算符与赋值运算符结合,即构成了扩展的赋值运算符(位自反赋值运算符)。

表 9.2　位运算符的含义

运　算　符	含　　义	运　算　符	含　　义
～	取反	&	按位与
<<	左移	^	按位异或
>>	右移	|	按位或

1. "按位与"运算符

按位与(&)是双目运算符,按二进制位进行"与"运算,如果两个相应的二进制位都为 1,则按位与的结果是 1;否则为 0;即 0&0、0&1 及 1&0 的值都为 0,1&1 的值为 1。

【例 9.17】　计算 2&5。

$$
\begin{array}{r}
0000\ 0000\ 0000\ 0010\ (2\ 的补码) \\
\&\quad 0000\ 0000\ 0000\ 0101\ (5\ 的补码) \\
\hline
0000\ 0000\ 0000\ 0000
\end{array}
$$

因此,2&5 的值为 0。位运算都是直接对内存中的二进制位进行运算的,而数据在内存中都是以补码形式存储的,如果参与位运算的是负数(如 $-2\&-5$),则直接以内存中存储的补码形式进行按位与运算。

$$
\begin{array}{r}
1111\ 1111\ 1111\ 1110\ (-2\ 的补码) \\
\&\quad 1111\ 1111\ 1111\ 1011\ (-5\ 的补码) \\
\hline
1111\ 1111\ 1111\ 1010\ (-6\ 的补码)
\end{array}
$$

所以,$-2\&-5$ 的值为 -6。

【说明】　本例中按 2 字节存放一个整数举例,以下例子均以 8 位机器数为例。

按位与运算有如下特殊用途。

(1) 清零:用 0 和需要清零的位进行按位与运算。

【例 9.18】　原数与一个数按位与后,结果为 0。

$$
\begin{array}{r}
0010\ 0111 \\
\&\quad 1101\ 1000 \\
\hline
0000\ 0000
\end{array}
$$

(2) 取一个数中的某些指定位。

【例 9.19】 取一个整数的高字节。

$$\begin{array}{r}0010\ 1001\ 0111\ 1000 \\ \&\quad 1111\ 1111\ 0000\ 0000 \\ \hline 0010\ 1001\ 0000\ 0000\end{array}$$

2. "按位或"运算符

按位或(|)是双目运算符,按二进制位进行"或"运算,只要两个相应位中有一个为 1,则结果为 1;只有当两个相应位的值均为 0 时,结果才为 0;即 0|0 的值为 0,而 0|1、1|0 及 1|1 的值都为 1。

【例 9.20】 计算 3|5。

$$\begin{array}{r}0000\ 0011\ (3) \\ |\quad 0000\ 0101\ (5) \\ \hline 0000\ 0111\end{array}$$

3|5 的结果为 7。

按位或运算的特殊用途是将一个数据的某些特殊位设为 1,而其余位不发生变化。

【例 9.21】 将一个数的高 4 位置 1,低 4 位不变。

$$\begin{array}{r}0110\ 1011 \\ |\quad 1111\ 0000 \\ \hline 1111\ 1011\end{array}$$

3. "按位异或"运算符

按位异或(^)是双目运算符,又称 XOR 运算符。若参与运算的两个二进制位相同,则结果为 0;否则结果为 1;即 0^0 和 1^1 的值为 0,0^1 和 1^0 的值为 1。

【例 9.22】 求 3^5 的值。

$$\begin{array}{r}0000\ 0011\ (3) \\ \wedge\quad 0000\ 0101\ (5) \\ \hline 0000\ 0110\end{array}$$

3^5 的值为 6。

4. "按位取反"运算符

按位取反(~)是单目运算符,只有一个操作数,按二进制位进行取反运算,即 0 变为 1,1 变为 0。

【例 9.23】 若 x＝0x76,则~x 的结果为－119。

$$\begin{array}{r}\sim01110110 \\ 10001001\quad(-119\ 的补码)\end{array}$$

注意:"~"运算符的优先级高于算术运算符、关系运算符、逻辑运算符和其他位运算符。

5."左移"运算符

左移(<<)是双目运算符,运算符左边的操作符按运算符右边的操作符给定的数值向左移若干位,从左边移出去的高位部分被丢弃,右边空出的低位部分补 0。

【例 9.24】 若 x=0x36,则将 x 左移 3 位的表达式为 x<<3,结果如下:

```
      00110110
   00110110              左移 3 位
    10110000              右边空出的低位部分补 0
```

表达式 x<<3 的值为 0xB0。

左移运算符的特殊用途是可以实现乘法运算。

【例 9.25】 若 x=0x36(十进制数 54),则

$$x<<1 \quad 得 \ x=0x6C=108$$
$$x<<2 \quad 得 \ x=0xD8=216$$

可见,x=0x36 左移 1 位相当于乘以 2,左移 2 位相当于乘以 4。

6."右移"运算符

右移(>>)是双目运算符,运算符左边的操作符按运算符右边的操作符给定的数值向右移若干位,从右边移出去的低位部分被丢弃。对于无符号数,左边空出的高位部分补 0,对于有符号数,若符号位为 0(正数),则左边空出的高位部分补 0,若符号位为 1(负数),则左边空出的高位部分的补法与使用的计算机系统有关,系统补 0 称为逻辑右移,系统补 1 称为算术右移。

【例 9.26】 若 x=0x38(十进制数 56),则

$$x>>1 \quad 得 \ x=0x1C=28$$
$$x>>2 \quad 得 \ x=0x0E=14$$

可见,x=0x38 右移 1 位相当于除以 2,右移 2 位相当于除以 4,右移运算符可以实现除法运算。

9.10.2 位段

如果采用以位为操作单位的方法对数据和校验位进行操作,则算法比较烦琐。如何简洁有效地进行处理呢? 这就要采用 C 语言提供的位段操作。

1. 位段

位段是指以位为单位定义结构体类型中成员的长度。

例如:

```
Struct packed_data
{
    unsigned  s1 : 5;
    unsigned  j1 : 3;
```

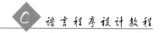

```
        unsigned  s2 : 5;
        unsigned  j2 : 3;
    }data;
```

定义了位段结构类型 Struct packed_data,它包含 4 个成员,每个成员的数据类型都是 unsigned int。每个位段占用的二进制位数由冒号后面的数字指定,至于这些位段存放的方式和具体位置,则由编译系统分配,程序设计人员不必考虑。

2. 位段在定义和引用中的注意事项

(1) 位段成员必须指定为 unsigned 或 int 类型。
(2) 位段的长度不能大于存储单元的长度,也不能定义位段数组。
(3) 一个位段不能跨两个存储单元存放。
(4) 在数值表达式中引用位段,位段将自动转换为整型数。

9.10.3　举例

【例 9.27】　不引入第 3 个变量,交换变量 a 和 b 的值。
【分析】　分析下列 3 条语句:

```
a=a^b; b=b^a;a=a^b;
```

执行结果:

```
b=b^a=b^(a^b)=a^b^b=a^0=a
a=(a^b)^b^(a^b)=a^b^b^a^b=a^a^b^b^b=0^0^b=b
```

程序如下:

```
#include "stdio.h"
int main()
{ int a,b;
  scanf("%d,%d",&a,&b);
  a=a^b;
  b=b^a;
  a=a^b;
  printf("a=%d,b=%",a,b);
}
```

运行结果:

```
16,38
a=38,b=16
```

【例 9.28】　将十六进制数循环左移 4 个二进制位,如 0x1234 循环左移 4 个二进制位之后将变为 0x2341。
【分析】　取 a 的最高 4 个二进制位放到 b 中:b=a>>(16−4)&0xf。

将 a 左移 4 个二进制位：a＝a＜＜4 & 0xffff。

将取出的最高 4 个二进制位放入低 4 位的二进制位中：a＝a|b。

程序如下：

```
#include "stdio.h"
int main()
{ int a,b;
  scanf("%x",&a);
  b=a>>(16-4)&0xf;
  a=(a<<4)&0xffff;
  a=a|b;
  printf("a=%x\n",a);
}
```

运行结果：

```
1234
2341
```

9.11　小　　结

结构体是一种新型的数据类型，它与前面使用的数据类型的主要区别有以下两点。

(1) 结构体类型不是系统固有的，它需要由用户自定义，在一个程序中可以有多个各不相同的结构体类型。

(2) 一个结构体数据类型是多个不同成员的集合，这些成员可以具有不同的类型。结构体变量的长度是所有结构体成员的长度之和。

struct 是结构体数据类型的关键字，定义和使用结构体类型时都必须使用该关键字。

引用结构体成员的方法主要有两种：使用结构体变量名引用结构体成员；通过指向结构体变量的指针引用结构体成员。

(3) 链表是一种动态的数据存储结构，它的每个结点都是结构体类型的数据，同一个链表的所有结点都具有相同的数据类型。一个链表结点包含数据域和指针域两部分，数据域存储需要处理的数据，指针域存储下一个结点的地址。链表结点在物理位置上没有相邻性，结点之间的联系通过指针实现。对链表可以进行的基本操作有建立和输出链表结点、插入结点、删除结点、查找结点等。

(4) 共用体是一种特殊的数据类型，它是一个包含多个成员的组合体，其本质是使多个变量共享同一段内存，共用体变量中的值是最后一次存储的成员的值，共用体变量不能初始化，共用体变量的长度是成员中最大成员的长度值。

(5) 枚举是一种基本数据类型。枚举变量的取值是有限的，枚举与元素是常量，不是变量，枚举变量通常由赋值语句赋值，枚举元素虽可由系统或用户定义一个顺序值，但枚举元素和整数并不相同，它们属于不同的数据类型。

（6）位运算是 C 语言的一大特点，使用位运算可以直接操作硬件。

习　题　9

一、选择题

1. 当说明一个结构体变量时，系统分配给它的内存是_____。

    A. 各成员所需内存量的总和　　　　　B. 结构中第一个成员所需的内存量

    C. 成员中占内存量最大者所需的容量　　D. 结构中最后一个成员所需的内存量

2. 设有以下说明语句

```
struct stu
{   int a;
    float b;
}stutype;
```

则下列叙述中不正确的是_____。

    A. struct 是结构体类型的关键字　　　　B. struct stu 是用户定义的结构体类型

    C. stutype 是用户定义的结构体类型名　D. a 和 b 都是结构体成员名

3. 若有如下定义

```
struct data
{   int i; char ch; double f; }b;
```

则结构体变量 b 占用内存的字节数是_____。

    A. 1　　　　　　　　B. 2　　　　　　　　C. 8　　　　　　　　D. 11

4. 整数 n 左移一位相当于（　　　）。

    A. n 乘以 2　　　　　B. n 除以 2　　　　　C. n 乘以 16　　　　　D. n 除以 16

二、阅读程序，写出运行结果

1.

```c
#include "stdio.h"
int main()
{   struct EXAMPLE
    {   union
        {int x;int y; }in;
        int a;
        int b;
    }e;
    e.a=1;e.b=2; e.in.x=e.a*e.b; e.in.y=e.a+e.b;
    printf("%d,%d\n",e.in.x,e.in.y);
}
```

2.

```
#include "stdio.h"
typedef int INT;
int main()
{   INT a,b;
    a=5;b=6;
    printf("a=%d\tb=%d\n",a,b);
    {   float INT;   INT=3.0;
    printf("2*INT=%.2f\n",2*INT);
    }
}
```

3.

```
void main()
{ char b=7;
    printf("%d,%d\n",~b,!b);
}
```

三、编程题

1. 定义一个结构体变量,其中包括职工号、职工名、性别、年龄、工资、地址。

2. 对于上述定义的变量,从键盘输入所需的具体数据,然后用 printf 函数打印出来。

3. 有 n 个学生,每个学生的数据包括学号(num)、姓名(name[20])、性别(sex)、年龄(age)、三门课的成绩(score[3])。要求在 main 函数中输入这 n 个学生的数据,然后调用函数 count,在该函数中计算出每个学生的总分和平均分,然后打印出所有数据(包括原有的和新求出的)。

四、填空题

1. 与 a^=b+c 等价的语句为_____。

2. 5+3<<2 的值为_____。

五、简答题

不计算,求出一组长整型数据中的二进制数。

第10章

chapter **10**

文　件

本章重点

- 文件和文件指针类型的概念。
- 文件的打开与关闭,相关函数为 fopen 和 fclose。
- 文件的读写,相关函数为 fgetc、fputc、fgets、fputs、fscanf、fprintf 等。

10.1　文　件　概　述

作为初学者,在学习过程中编写的程序都比较简单,程序运行时需要的数据一般是从键盘输入的,运行的结果一般是显示在显示器上的,但是在实际应用中,所需的数据有时是按照一定的格式存放在外部存储介质上的文件,而且数据量很大,在运行程序时要求从文件中读取数据,运行结果有时又需要按照一定的格式存储在外部文件中。因此,掌握对文件的操作就显得很有必要了。

文件分为存储介质文件和外部设备文件。存储介质文件是指存储在外部存储介质上的数据集合,如磁盘文件、光盘文件等。外部设备文件是指与主机相连的各种外部设备,如键盘、显示器等。通常把键盘看作标准输入文件,把显示器看作标准输出文件。前面常用的 scanf 函数和 printf 函数就属于标准输入/输出函数。本章只介绍存储介质文件,简称文件。

操作系统具有文件管理功能,它是以文件为单位对数据进行管理的,若要找到存储在外部介质上的数据,就必须先按文件名找到指定的文件,然后从该文件中读取数据。若要向外部介质存储数据,也必须先建立一个文件,才能向它输出数据。

10.1.1　文件类型

C 语言把文件中的数据看作一连串的二进制数据流。按照文件中数据组织形式的不同,可分为二进制文件和文本文件。二进制文件按照数据在内存中的存储形式原封不动地输出到外部介质上存放。文本文件中存储的是字符的 ASCII 码值,每个字节代表一个字符。例如 1024 这个整数,若按二进制文件存储,则它被看作一个整体,在内存中共占 2 字节;若按文本文件存储,则 1024 中的每位数字都被看作一个字符,共占 4 字节,具体存储形式如图 10.1 所示。

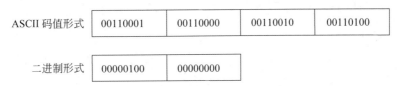

ASCII 码值形式	00110001	00110000	00110010	00110100

二进制形式	00000100	00000000

图 10.1 ASCII 码值文件与二进制文件存储形式

无论是二进制文件还是文本文件,C 语言都以字节为单位存取文件中的内容。输入/输出的二进制数据流的开始和结束仅受程序控制,而不受物理符号(如回车换行符)控制。

10.1.2 缓冲文件系统和非缓冲文件系统

C 语言使用的文件系统分为缓冲文件系统(标准 I/O)和非缓冲文件系统(系统 I/O)两种。缓冲文件系统的特点是:在内存开辟一个"缓冲区",为程序中的每个文件所用,当执行读文件操作时,先将数据从磁盘文件中读入内存"缓冲区",装满后再从内存"缓冲区"依次接收变量;执行写文件操作时,先将数据写入内存"缓冲区",待内存"缓冲区"装满后再写入文件。内存"缓冲区"的大小影响着实际操作外存的次数,内存"缓冲区"越大,操作外存的次数就越少,执行速度就越快,效率就越高。非缓冲文件系统不自动开辟确定大小的"缓冲区",而是依赖于操作系统,通过操作系统的功能对文件进行读写,是系统级的输入/输出,它不设置文件结构体指针,只能读写二进制文件,但效率高、速度快。由于新的 ANSI C 标准不再包含非缓冲文件系统,因此后续内容主要围绕缓冲文件系统展开。

10.1.3 文件指针

对于每个被使用的文件,操作系统都会在内存中为其开辟一块区域,用来存放文件的有关信息,如文件的名字、文件缓冲区的大小、文件当前的读写位置等。这些信息保存在一个类型为 FILE 的结构体类型变量中。该结构体类型变量是由系统定义的,包含在头文件 stdio.h 中,其具体定义形式如下:

```
typedef  struct
{  short            level;          /* fill/empty level of buffer */
   unsigned         flags;          /* File status flags */
   char             fd;             /* File descriptor */
   unsigned char    hold;           /* Ungetc char if no buffer */
   short            bsize;          /* Buffer size */
   unsigned char    * buffer;       /* Data transfer buffer */
   unsigned char    * curp;         /* Current active pointer */
   unsigned         istemp;         /* Temporary file indicator */
   short            token;          /* Used for validity checking */
} FILE;                             /* This is the FILE object */
```

如果要访问某个文件,则必须先定义 FILE 类型的文件指针变量,让其指向待访问的文件,以后对该文件的操作都通过文件指针变量实现。定义文件指针变量的方法为

FILE * fp1, * fp2;

表示定义了两个 FILE 类型的指针变量(以下简称文件指针变量)fp1 和 fp2,在具体使用时,需要给 fp1 和 fp2 赋值,让它们指向待操作的文件。这样,通过 fp1 和 fp2 就可以访问待操作的文件了。

10.2　打开/关闭文件

10.2.1　打开文件函数

对文件进行操作时,一般按照先打开、然后操作(读/写)、最后关闭的步骤进行。C 语言中,打开文件的方法是使用 fopen 函数,其调用形式为

fopen("文件名","文件操作方式");

若要操作的文件是当前路径下的文件,则"文件名"一项是该文件的名称,否则要把文件所在的路径一起给出。

例如:

```
fopen("test.txt","r");
```

表示以只读的方式打开 test.txt 文件。

再如:

```
fopen("d:\\lap\\test.txt","r");
```

表示以只读的方式打开 d 盘根目录下 lap 文件夹下的 test.txt 文件。需要注意的是,C 语言中的"\\"是一个转义字符,表示一个反斜杠"\"。

文件操作方式有只读、只写、追加等,但文本文件和二进制文件的操作方式有所不同,详见表 10.1。其中,在 r、r+、rb、rb+、a 和 ab 操作方式下,要求打开的文件必须存在,否则会出错;在 w、w+、wb 和 wb+ 操作方式下,若要打开的文件不存在,则新建一个文件,若要打开的文件存在,则将原文件删除,然后新建一个同名文件;在 a+ 和 ab+ 操作方式中,若要打开的文件不存在,则新建一个文件,若要打开的文件存在,则不删除原来的文件,位置指针指向文件末尾,可以读,也可以追加。

表 10.1　文件的操作方式及含义

文件操作方式	含　　义
r	只读,为输入打开一个文本文件
w	只写,为输出打开一个文本文件
a	追加,从文本文件结尾处添加数据

续表

文件操作方式	含　义
rb	只读，为输入打开一个二进制文件
wb	只写，为输出打开一个二进制文件
ab	追加，从二进制文件结尾处添加数据
r+	读写，为读写打开一个文本文件
w+	读写，为读写新建一个文本文件
a+	读写，为读写打开一个文本文件
rb+	读写，为读写打开一个二进制文件
wb+	读写，为读写新建一个二进制文件
ab+	读写，为读写打开一个二进制文件

　　fopen 函数有返回值，若打开成功，则返回指向该文件信息区域的指针，否则返回空指针（NULL）。对文件的操作都是通过操作指向该文件的指针实现的，常用如下方式打开一个文件：

```
fp=fopen("test.txt","r");
if(fp= =NULL)
    {   printf("cann't open test.txt!\n");
        exit(0);
    }
```

或者将上述两条语句合并成一条语句：

```
if((fp=fopen("test.txt","r"))= =NULL)
    {   printf("can't open test.txt!\n");
        exit(0);
    }
```

exit 是一个库函数，包含在 stdlib.h 头文件中，它有一个整型参数（0 或非 0 值均可），功能是关闭所有已打开的文件，终止正在运行的程序，返回操作系统。前面的程序段表明，若要打开的文件存在，则使 fp 指向该文件的文件指针（存放该文件的有关信息），否则输出"can't open test.txt!"，并关闭所有已打开的文件，终止正在运行的程序，返回操作系统。

10.2.2　关闭文件函数

　　文件操作结束之后，要关闭操作过的文件，以防止后续程序的误操作和数据丢失。关闭文件的函数名为 fclose，其调用形式为

fclose(文件指针)

　　例如：

```
fclose(fp);
```

将会使文件指针变量 fp 和打开的文件 test.txt 脱离联系。fp 不再指向 test.txt 文件的信息区域,以后若要再次操作该文件,则需要重新定义文件指针变量,并使用 fopen 函数使定义过的文件指针变量和 test.txt 文件重新建立联系,然后再对该文件进行操作。

【例 10.1】 以只读的方式打开文件 data1.txt,若成功打开,则输出"Success!"并关闭该文件,否则输出"Failed!"并结束程序。

程序如下:

```
#include "stdio.h"
#include "stdlib.h"
int main()
{   FILE * fp;                    /*定义文件指针变量 fp*/
    char ch;
    fp=fopen("data1.txt","r"); /*以只读的方式打开文件 data1.txt,若该文件存在,则
                                  打开后 fp 指向它,若该文件不存在,则 fp 值为空
                                  (NULL)*/
    if(fp==NULL)                  /*若 fp 是一个空指针,则表明文件 data1.txt 不存在*/
      {  printf("Failed!\n");   /*输出 Failed!*/
         exit(0);                 /*终止正在运行的程序,返回操作系统*/
      }
    else
      {  printf("Success!\n");  /*若能正确打开,则输出 Success!*/
         fclose(fp);              /*关闭打开的文件,使 fp 与文件 data1.txt 脱离联系*/
      }
}
```

运行结果:

```
Success!
```

【说明】

(1) 对文件进行操作前必须先定义文件指针。

(2) 用 r 方式打开文件时,要求待打开的文件必须存在,否则会出错。本例默认文件 data1.txt 存在,否则运行结果将会是:Failed!。

(3) 文件的打开和关闭必须成对出现。在编写程序时,若打开了某个文件,则必须在程序结束时(或其他合适的位置)关闭它。

10.3 顺序读写文件

打开文件之后,就可以对文件进行读(输入)、写(输出)操作了。C 语言中,对文件进行操作的函数有多种,下面主要介绍在文件中输入/输出字符函数、输入/输出字符串函数、格式化输入/输出函数和以块的方式读写文件的函数。

10.3.1 输入/输出字符

输入/输出字符指从指定文件一次输入/输出一个字符的操作。该类函数包括 fputc 和 fgetc。

1. fputc 函数

fputc 函数的功能是将一个字符输出到指定文件,其调用形式为

fputc(待输出字符,文件指针);

例如:

```
fputc(ch,fp);
```

其中,ch 可以是一个字符常量、字符变量或者一个字符的 ASCII 码值;fp 是文件指针变量,语句的功能是将 ch 表示的字符写到 fp 所指的文件中。

2. fgetc 函数

fgetc 函数的功能是向访问的文件中输入一个字符,其调用形式为

fgetc(文件指针);

例如:

```
fgetc(fp);
```

其中,fp 是要访问的文件的 FILE 型指针变量。若文件尚未结束,则该函数将返回读取的字符,若文件结束,则该函数将返回符号常量 EOF(EOF 是文件的结束标志,其值为 -1,在 stdio.h 头文件中定义)。

通常将 fgetc 函数的调用结果赋给一个字符变量或作为函数的参数使用。

例如:

```
ch=fgetc(fp);
```

表示从 fp 指向的文件中读取一个字符并赋给字符变量 ch。

```
fputc(fgetc(fp1),fp2);
```

表示从 fp1 指向的文件中读取一个字符,然后将该字符输出到 fp2 指向的文件中。

【例 10.2】 从键盘输入一些字符,并将它们逐个存储到磁盘文件 data1.txt 中,直到输入的字符为'$'为止。

程序如下:

```
#include "stdio.h"
#include "stdlib.h"
int main()
{   FILE * fp;                    /*定义文件指针变量 fp*/
```

```
    char ch;
    if((fp=fopen("data1.txt","w"))==NULL)    /* 以只写的方式打开文件 data1.txt */
      { printf("cann't open data1.txt\n");
        exit(0);
      }
    ch=getchar();                    /* 从键盘读取一个字符,保存在字符变量 ch 中 */
    while(ch!= '$')    /* 若 ch 中的字符不是'$',则继续 while 循环,否则终止 while 循环 */
      {   fputc(ch,fp);              /* 将 ch 中的字符输出到 fp 指向的文件中保存 */
          ch=getchar();             /* 从键盘读取下一个字符,保存在字符变量 ch 中 */
      }
    fclose(fp);
}
```

运行时从键盘输入:

```
Welcome to Beijing!$
```

程序运行结束后,输入的内容便存储到了文件 data1.txt 中,可用以下方法查看文件 data1.txt 的内容。

(1) 由于 data1.txt 是纯文本文件,因此可以在"我的电脑"或"资源管理器"中找到该文件,打开后即可查看内容。

(2) 使用 DOS 命令 type 查看:

```
D:\tc\type data1.txt
```

通过以上两种方法看到的文件内容相同,如下所示:

```
Welocome to Beijing!
```

【说明】

(1) 该文件的操作方式必须是允许写的方式。

(2) 在 while 循环体中必须有继续读取下一个字符的语句,否则会出错。

(3) 运行该程序时,从键盘输入的字符中必须有'$',以保证程序可以终止。

【例 10.3】 统计文件 data2.txt 中小写字母的个数,并显示其内容。

假设文件 data2.txt 的内容为

```
Hello,This is a C file.
```

程序如下:

```
#include "stdio.h"
#include "stdlib.h"
int main()
{    FILE   * fp;
     char   ch;
     int   n=0;                      /* 用变量 n 保存小写字母的个数,初值为 0 */
     if((fp=fopen("data2.txt","r"))==NULL)    /* 打开文件 data2.txt */
```

```
{    printf("cann't open data2.txt\n");
     exit(0);
}
while((ch=fgetc(fp))!=EOF)/*从 fp 指向的文件中读取一个字符,并将其赋给 ch,若
                            ch 不是文件结束标志(EOF),则继续 while 循环,否则
                            终止 while 循环*/
{    putchar(ch);               /*将字符变量 ch 的内容输出到显示器上显示*/
     if(ch>='a'&&ch<='z')
     n++;                       /*若 ch 为小写字母,则保存小写字母个数的变量 n 自加 1*/
};
fclose(fp);
printf("\nThe number is:%4d\n",n);
}
```

运行结果:

```
Hello,This is a C file.
The number is:14
```

【说明】

(1) 该文件的操作方式必须是允许读的方式。

(2) 在 while 循环体中必须判断操作的文件是否已到结束位置,若是,则必须终止循环。

(3) 统计小写字母个数的变量 n 必须有初值且其初值必须为 0。

10.3.2　输入/输出字符串

输入/输出字符串指从指定文件一次输入/输出一个字符串的操作。该类函数包括 fputs 和 fgets。

1. fgets 函数

fgets 函数的功能是从指定文件输入一个字符串,并在输入的字符串后自动加上字符串结束标志'\0',其调用形式为

fgets(存放字符串起始地址,读出的字符数,文件指针);

例如:

```
fgets(str,n,fp);
```

其中,str 一般为字符数组名或字符指针,用来存放从文件读出的字符串。n 表示从文件中读出 n-1 个字符,最后由系统自动加上字符串结束标志'\0',fp 指向要访问的文件。

2. fputs 函数

fputs 函数的功能是向指定文件输出一个字符串,其调用形式如下:

fputs(待输出字符串起始地址,文件指针);

例如:

```
fputs(str, fp);
```

其中,str 为字符数组名、字符串常量或字符指针,fp 是指向文件的指针变量,语句的作用是向 fp 指向的文件中写入 str 代表的字符串。

【例 10.4】 从文件 file1.txt 中一次性地读取 5 个字符,并将之与字符数组 cmpstr 的内容相比较,若两者不同,则将读取的字符存储到文件 file2.txt 的结尾,直到 file1.txt 结束。

假设文件 file1.txt 的内容为

```
abcdex1y2zabcdewinxpabcde12345dqpic
```

程序如下:

```
#include "stdio.h"
#include "stdlib.h"
#include "string.h"
int main()
{   FILE * fp1, * fp2;
    char filestr[6],cmpstr[6];
    if((fp1=fopen("file1.txt","r"))==NULL)   /* 打开文件 file1.txt */
    {   printf("cann't open file1.txt!\n");
        exit(0);
    }
    if((fp2=fopen("file2.txt","a"))= =NULL)   /* 打开文件 file2.txt */
    {   printf("cann't open file2.txt!\n");
        exit(0);
    }
    gets(cmpstr);                /* 输入一个字符串,并将其存储在字符数组 cmpstr 中 */
    fgets(filestr,6,fp1);        /* 从 fp1 指向的文件 file1.txt 中读取一个包含 5 个有
                                    效字符的字符串,存储在数组 filestr 中 */
    while(!feof(fp1))            /* 若 file1.txt 没有结束,则继续 while 循环,否则终止
                                    while 循环 */
    {   if(strcmp(filestr,cmpstr)!=0)
                                /* 若数组 filestr 和 cmpstr 中的内容不相同 */
        fputs(filestr,fp2);     /* 则将数组 filestr 中的内容存储到 fp2 指向的文件
                                    file2.txt 中 */
        fgets(filestr,6,fp1);   /* 读取下一个字符串 */
    }
    fclose(fp1);                /* 关闭文件 file1.txt */
    fclose(fp2);                /* 关闭文件 file2.txt */
}
```

运行时从键盘输入：

```
abcde
```

程序运行结束后，用例 10.2 的方法查看文件 file2.txt 的内容如下：

```
x1y2zwinxp12345dqpic
```

【说明】

（1）文件 file2.txt 的操作方式必须是追加方式。

（2）调用 fgets 函数时，要注意该函数的第二参数的值需要比实际读取的字符个数大 1。

（3）本程序使用了字符串比较函数 strcmp，因此需要在主函数前添加头文件 string.h。

（4）feof 函数的功能是判断一个文件是否结束，若文件结束，则返回非 0 值，否则返回 0 值。

（5）判断文件是否结束的常用方法有两种，一种是用 EOF 标志，如例 10.3；另一种是用 feof 函数，如例 10.4。前者只能用于文本文件，不能用于二进制文件，因为文本文件中的每个字节都被看作一个字符的 ASCII 码值，而字符的 ASCII 码值中没有 −1，遇到 −1 时可以肯定文件已结束，但是二进制文件中的某个字节数据有可能是 −1，这样就难以判断文件是否真的结束，从而导致错误。后者既可用于二进制文件，又可用于文本文件。

10.3.3　格式化输入/输出

格式化输入/输出指从指定文件中按照一定的格式输入/输出数据的操作。该类函数包括 fscanf 和 fprintf。这两个函数的功能类似于 scanf 函数和 printf 函数，只是 scanf 函数和 printf 函数是针对标准输入/输出设备而言的。

1. fscanf 函数

fscanf 函数的功能是按照一定的格式从指定文件中输入一个或多个数据，其调用形式为

fscanf(文件指针,格式控制,地址列表);

其中，"文件指针"指向要访问的文件，"格式控制"与"地址列表"的意义同 scanf 函数。

例如：

```
FILE * fp;
int n;
char str[10];
float var;
…
fscanf(fp, "%d %s %f",&n,str,&var);
```

表示从 fp 所指的文件中一次输入一个整数给变量 n，一个字符串给字符数组 str，另一个

浮点型数据给变量 var。

2. fprintf 函数

fprintf 函数的功能是按照一定的格式向指定文件中输出一个或多个数据,其调用形式为

fprintf(文件指针,格式控制,输出列表);

其中,"文件指针"指向要访问的文件,"格式控制"与"输出列表"的意义同 printf 函数。

例如:

```
FILE * fp;
int n;
char ch;
…
fprintf(fp, "%d %c",n,ch);
```

表示将 n 以十进制整数的格式,ch 以字符的格式输出到 fp 所指的文件中。

【例 10.5】 将文件 file1.txt 中的内容复制到文件 file2.txt 中。

假设文件 file1.txt 的内容如下:第 1 列代表井号,第 2 列代表工具名称,第 3 列代表井深,第 4 列代表序号。

```
B1-D6-P124    分离器    943.79   103
B1-D6-P124    保护器    945.51   104
B1-D6-P124    电机      953.83   105
```

程序如下:

```
#include "stdio.h"
#include "stdlib.h"
int main()
{   FILE * fp1, * fp2;
    char jh[15];
    char gjmc[10];
    float js;
    int xh;
    if((fp1=fopen("file1.txt","r"))= =NULL)
    {   printf("cann't open file1.dat!\n");
        exit(0);
    }
    if((fp2=fopen("file2.txt","w"))= =NULL)
    {   printf("cann't open file2.dat!\n");
        exit(0);
    }
    fscanf(fp1, "%s%s%f%d ",jh,gjmc,&js,&xh);
                        /* 按格式要求从 file1.txt 中读取数据 */
```

```
        while(!feof(fp1))                    /* 若 file1.txt 没有结束,则继续 while 循环,否
                                                则终止 while 循环 */
        {   fprintf(fp2, "%s %-10s %7.2f %d ",jh,gjmc,js,xh);
                                             /* 按格式要求向 file2.txt 中存储数据 */
            fprintf(fp2, "\n");              /* 写入回车换行符 */
            fscanf(fp1, "%s%s%f%d ",jh,gjmc,&js,&xh);    /* 读取下一行数据 */
        }
        fclose(fp1);                         /* 关闭文件 file1.txt */
        fclose(fp2);                         /* 关闭文件 file2.txt */
}
```

程序运行结束后,用例 10.2 的方法查看文件 file2.txt 的内容如下:

```
B1-D6-P124 分离器        943.79 103
B1-D6-P124 保护器        945.51 104
B1-D6-P124 电机          953.83 105
```

【说明】　使用 fscanf 函数读取字符串时,字符串中不能含有空格字符,空格字符被认为是字符串的结束。而用 fscanf 函数读取整型或浮点型数据时,数据之间可以用空格、回车作为间隔。

10.3.4　输入/输出数据块

C 语言提供了对数据块进行输入/输出操作的函数 fread 和 fwrite,可用来读写一组数据,如读写一个结构体变量的值、读写一组实数等。常用这两个函数读写二进制文件。

1. fread 函数

fread 函数的功能是从指定文件中输入一组数据,其调用形式为

fread(待输入数据的存放地址,单个数据项的字节数,共读入数据项个数,文件指针);

其中,"文件指针"指向要访问的文件。

例如:

```
FILE * fp;
float arr[10];
fread(arr,4,10,fp);
```

表示从 fp 指向的文件中一次输入 10 个浮点型数据(一个浮点型数据占 4 字节),并存放在数组 arr 中。

2. fwrite 函数

fwrite 函数的功能是向指定文件中输出一组数据,其调用形式为

fwrite(待输出数据的存放地址,单个数据项的字节数,共输出数据项个数,文件指针);

其中,"文件指针"指向要访问的文件。

例如:

```
FILE * fp;
float arr[2];
...
fwrite(arr,4,2,fp);
```

表示向 fp 指向的文件中一次输出 2 个浮点型数据(一个浮点型数据占 4 字节)。

【例 10.6】 从键盘输入 5 个学生的数据信息并存储到文件 studata.rec 中,然后将该文件的内容输出到显示器上显示。学生的数据信息包括姓名、学号和总分。

程序如下:

```
#include "stdio.h"
#include "stdlib.h"
int main()
{   struct student                 /*定义 student 结构类型 */
    {   char name[10];             /*姓名 */
        long num;                  /*学号 */
        int totalscr;             /*总分 */
    }stu[5], temp[5], * p, * q;   /*定义结构体数组 stu 和 temp 及结构体指针变量 p 和
                                     q * /
    FILE * fp;                     /*定义文件指针变量 fp * /
    int i;
    p=stu; q=temp;            /*使指针变量 p 指向结构体数组 stu,q 指向结构体数组 temp * /
    if((fp=fopen("studata.rec","wb+"))= =NULL)   /*打开文件 studata.rec * /
    {   printf("Cannot open studata.rec! ");
        exit(0);
    }
    for(i=0;i<5;i++,p++)          /*给结构体数组 stu 元素赋值 */
        scanf("%s%ld%d",p->name, &p->num, &p->totalscr);
    p=stu;                         /*使 p 指向结构体数组 stu 的起始位置 */
    fwrite(p,sizeof(struct student),5,fp);
                                   /*将 p 处存放的 5 组数据写入 fp 指向的文件中 */
    rewind(fp);                    /*使文件的位置指针指向文件的起始位置 */
    fread(q,sizeof(struct student),5,fp);
                                   /*从 fp 指向的文件中读取 5 组数据并存放到 q 处 */
    for(i=0;i<5;i++,q++)          /*输出结构体数组 temp 中元素的值 */
        printf("%-15s%5ld%5d\n",q->name,q->num,q->totalscr);
    fclose(fp);                    /*关闭文件 studata.rec * /
}
```

运行结果:

```
Liuming          1001    512
Zhanglin         1002    537
```

Wanghua	1003	528
Zhaogang	1004	497
Liping	1005	500
Limming	1001	512
Zhanglin	1002	537
Wanghua	1003	528
Zhaogang	1004	497
Liping	1005	500

【说明】　在本例中,当把 5 个学生的数据信息写入文件 studata.rec 后,文件的位置指针就会指向文件的结尾,要想从头显示文件 studata.rec 的内容,需要将文件的位置指针重新指向文件的起始位置,语句“rewind(fp);”实现了该功能。

10.4　定位读写文件

每个文件都有一个和该文件相关的位置指针(见 10.2 节),它指向当前的读写位置。对文件的操作通常是顺序的,读写完一个字符/数据(文本文件为字符,二进制文件为数据)后,文件的位置指针会自动顺序下移,指向下一个待读写字符/数据的起始位置。但在实际应用中,有时需要对文件中的某个特定位置进行读写操作,强制使文件位置指针指向所需的位置。为了完成这种定位读写文件的操作,需要调用相关函数,下面逐一介绍。

10.4.1　fseek 函数

fseek 函数的功能是对文件进行随机读写,强制使文件位置指针指向指定的目标位置,其调用形式为

fseek(文件指针,偏移量,起始位置);

其中,“文件指针”指向要访问的文件;“偏移量”指目标位置距离起始位置的字节数,是一个长整型数据,若目标位置在起始位置的后面,则偏移量符号为正,若在起始位置的前面,则符号为负;起始位置有 3 个值,分别为 0、1、2,0 代表起始位置是文件的开始,1 代表起始位置是文件位置指针当前指向的位置,2 代表起始位置是文件的结尾。

例如:

```
fseek(fp,20L,1);
```

表示使文件位置指针从当前位置向后移 20 字节。

再如:

```
fseek(fp,-60L,2);
```

表示使文件位置指针从文件结尾向前移 60 字节。

10.4.2　rewind 函数

rewind 函数的功能是不管文件位置指针当前的位置,强制使其指向文件的开始,其调用形式为

rewind(文件指针);

例如:

```
rewind(fp);
```

10.4.3　ftell 函数

ftell 函数的功能是返回文件位置指针的当前值,用当前文件位置指针距离文件起始位置的偏移量表示,其调用形式为

ftell(文件指针);
```
long var;
var=ftell(fp);
```

若 fp 指向的文件不存在,则该函数返回-1L,因此常用下面的方法判断是否出错。

```
if(var= =-1L) printf("Error!\n");
```

以上分别介绍了 rewind、fseek 和 ftell 函数,下面通过举例对这三个函数的用法进行说明。

【例 10.7】　先显示文件 file1.txt 中的内容,然后在该文件中查找是否存在字符"♯",若找到则输出当前文件位置指针的值,否则输出"Not Found!"。

假设文件 file1.txt 的内容如下:

```
B1-D6-P124943.79#103
```

程序如下:

```
#include "stdio.h"
#include "stdlib.h"
int main()
{   FILE * fp;                                /* 定义文件指针变量 */
    char ch;
    long position;
    int found=0;
    if((fp=fopen("file1.txt","r"))= =NULL)  /* 打开文件 file1.txt */
    {   printf("can't open file1.txt!\n");
        exit(0);
    }
    ch=fgetc(fp);
```

```
    while(!feof(fp))                    /* 显示文件 file1.txt 的内容 */
    {   putchar(ch);
        ch=fgetc(fp);
    }
    rewind(fp);                         /* 使文件位置指针移动到文件的开始 */
    ch=fgetc(fp);
    while(!feof(fp))
    {   if(ch= ='#')
        {   position=ftell(fp);         /* 将文件位置指针的值赋给变量 position */
            found=1;
            printf("\nposition=%ld\n",position);
            break;
        }
        ch=fgetc(fp);
    }
    if(found= =0)  printf("Not Found! ");
    fclose(fp);                         /* 关闭文件 file1.txt */
}
```

运行结果：

```
B1-D6-P124943.79#103
position=17
```

【说明】 ftell 函数返回了文件位置指针的当前值，保存其结果的变量必须定义成长整型。

10.5　文件应用举例

【例 10.8】 实现学生成绩管理系统 4.0 版。

【分析】 主要功能包括姓名和成绩的录入、求每个学生的总成绩、成绩查询、成绩排序等。用文件存储学生信息，以下是对程序中用到的文件名及其存储信息的说明。

stu_inf.dat　　保存录入的学生信息
stu_score.dat　保存求出总成绩后的学生信息
stu_qur.dat　　保存按单科或总分排序后的学生信息

程序如下：

```
#include "stdio.h"
#include "string.h"
#define N 30
#define M 3
struct student
{   char name[30];
```

```
        int score[M+1];
    }stu[N];
    void print(char * fn);
    void in()                                            /*输入姓名和成绩*/
    {   FILE * fp;
        char filename[20]="stu_inf.dat";
        int i,j;
        for(i=0;i<N;i++)
        {   gets(stu[i].name);
            for(j=0;j<M;j++)
                scanf("%d",&stu[i].score[j]);
            getchar();
        }
        if((fp=fopen("stu_inf.dat ","wb+"))==NULL)
        {   printf("cann't open stu_inf.dat");
            exit(0);
        }
        fwrite(stu,sizeof(struct student),N,fp);
        fclose(fp);
        printf("shujushurujieshu\n");
        print(filename);
    }
    void query(char nam[])                               /*根据姓名查找成绩*/
    {   FILE * fp;
        int i,j;
        if((fp=fopen("stu_inf.dat ","rb"))==NULL)
        {   printf("cann't open stu_inf.dat");
            exit(0);
        }
    fread(stu,sizeof(struct student),N,fp);
    fclose(fp);
    for(i=0;i<N;i++)
        if(strcmp(nam,stu[i].name)==0)
        {   puts(stu[i].name);
            for(j=0;j<M;j++)
                printf("%5d",stu[i].score[j]);
            printf("\n");
            break;
        }
        if(i==N) printf("查无此人\n");
    }
    void sort(int n)                                     /*按第n科成绩排序*/
    {   FILE * fp;
        char filename[20]="stu_qur.dat";
```

```
    int i,j;
    struct student t;
    if((fp=fopen("stu_inf.dat ","rb"))==NULL)
    {   printf("cann't open stu_inf.dat");
        exit(0);
    }
    fread(stu,sizeof(struct student),N,fp);
    fclose(fp);
    for (i=0;i<N-1;i++)
      for (j=0;j<N-1-i;j++)
        if (stu[j].score[n]<stu[j+1].score[n])
        {   t=stu[j];
            stu[j]=stu[j+1];
            stu[j+1]=t;
        }
    if((fp=fopen(filename,"wb"))==NULL)
    {   printf("cann't open stu_qur.dat");
        exit(0);
    }
    fwrite(stu,sizeof(struct student),N,fp);
    fclose(fp);
    print(filename);
}
void calc()                                     /*按不同的选择进行排序*/
{   int i;
    int choos;
    printf("-------------选择排序内容--------------\n");
    printf("------------------------------------\n");
    printf("     1: 单科排序                      \n");
    printf("     2: 按总分排序                    \n");
    printf("     0: 退出                          \n");
    printf("     请选择  0-2                      \n");
    printf("------------------------------------\n");
    scanf("%d",&choos);
    switch(choos)
    {   case 1: printf("输入按第几科排序的数字"); scanf("%d",&i);sort(i);break;
        case 2: sort(M);break;                  /* M表示按总分排序*/
        case 0: exit(0);
    }
}
void print(char * fn)                           /*输出全部成绩*/
{   FILE * fp;
    int i,j;
    if((fp=fopen(fn,"rb"))==NULL)
```

```
        {   printf("cann't open the file");
            exit(0);
        }
        fread(stu,sizeof(struct student),N,fp);
        fclose(fp);
          for(i=0;i<N;i++)
          {   printf("%s",stu[i].name);
              for (j=0;j<M+1;j++)
                  printf("%4d",stu[i].score[j]);
              printf("\n");
          }
}
void edt()                                          /* 求每个学生的总分 */
{   FILE * fp;
    char filename[20]="stu_score.dat ";
    int i,j;
    if((fp=fopen("stu_inf.dat","rb"))==NULL)
        {   printf("cann't pen stu_inf.dat");
            exit(0);
        }
    fread(stu,sizeof(struct student),N,fp);
    fclose(fp);
    for(i=0;i<N;i++)
      for(j=0;j<M;j++)
        stu[i].score[M]+=stu[i].score[j];
    if((fp=fopen(filename,"wb"))==NULL)
    {   printf("cann't open stu_score.dat");
        exit(0);
    }
    fwrite(stu,sizeof(struct student),N,fp);
    fclose(fp);
    print(filename);
}
int main()
{   int sel;
    char s[30],filename[]="stu_inf.dat";
    do
    { printf("------------学生成绩管理系统-------------\n");
    printf("-------------------------------------\n");
    printf("    1:成绩录入                          \n");
    printf("    2:成绩查询                          \n");
    printf("    3:成绩排序                          \n");
    printf("    4:成绩管理(求每个学生的总分)          \n");
    printf("    5:成绩输出                          \n");
    printf("    0:退出                             \n");
    printf("    请选择   0-5                        \n");
    printf("------------------------------------- \n");
```

```
scanf("%d",&sel);getchar();
switch(sel)
{   case 1: in();break;
    case 2: printf("shuruxingming\n");gets(s);query(s);break;
    case 3: calc();break;
    case 4: edt( );break;
    case 5: print(filename);break;
    case 0: exit(0);
}
}while(1);
}
```

10.6 小 结

本章主要介绍了文件的概念、文件指针的类型及文件的操作。文件是指存储在外部存储介质上的数据集合,分为二进制文件和文本文件。C 语言把文件当作一个二进制数据流看待,以字节为单位进行存取。

C 语言中,用文件指针标识文件,当一个文件被打开时,可取得该文件的文件指针。对文件进行操作时,一般按照先打开、然后操作(读/写)、最后关闭的步骤进行。可以以字节、字符串、数据块为单位对文件进行操作,也可以按指定的格式对文件进行操作。文件的操作方式有只读、只写、读写、追加四种。二进制文件或文本文件都可以用二进制方式或文本方式进行操作。

要注意文件指针和文件位置指针的区别:文件指针是指向整个文件的,必须在程序中定义并赋值,经赋值后,文件指针的值不会再改变,除非重新给它赋值。文件位置指针不需要在程序中定义,它是系统自动设置的,用来指示文件内部的当前读写位置。当读写完一个字节后,文件位置指针自动移到下一个字节的位置。移动文件位置指针可以实现对文件的随机读写。

习 题 10

一、选择题

1. _____是系统的标准输出文件。

  A. 打印机　　　　　B. 键盘　　　　　C. 显示器　　　　　D. 硬盘

2. 若要用 fopen 函数打开一个二进制文件,并要求能读写该文件,则打开文件的操作方式应为_____。

  A. "ab+"　　　　　B. "wb+"　　　　　C. "rb+"　　　　　D. "ab"

3. 函数调用语句"fseek(fp,−20L,2);"的含义是_____。

  A. 将文件位置指针移到距离文件头 20 字节处

B. 将文件位置指针从当前位置向后移动 20 字节

C. 将文件位置指针从文件末尾处后退 20 字节

D. 将文件位置指针移到距离当前位置 20 字节处

4. 能够完成将文件指针 fp 重新指向文件的开头位置的函数是_____。

　　A. fseek(fp)　　　　　B. ftell(fp)　　　　　C. rewind(fp)　　　　D. feof(fp)

二、阅读程序，写出运行结果

1.

```c
#include <stdio.h>
struct student
{   char name[10]; long num; char sex; int age;
}stud[10];
int main()
{   int i;
    FILE * fp;
    if((fp=fopen("stud.dat","rb"))==NULL;
    { printf("cann't open stud.dat!\n");    exit(0);    }
    for(i=0;i<10;i+=2)
    {   fseek(fp,i * sizeof(struct student),0);
        fread(&s[i],sizeof(struct student),1,fp);
        printf("%-15s%10ld%-5c%6d \n",s [i].name, s[i].num, s[i].age, s[i].sex);
    }
    fclose(fp);
}
```

2.

```c
#include "stdio.h"
int main()
{   struct student
    {   int num;
        float score;
    } stu;
    FILE * fp;
    if((fp=fopen("file1.dat","w"))= =NULL)
    {printf("cann't open file1.dat!");   exit(0); }
    scanf("%d%f",&stu.num,&stu.score);
    while(stu.num!=0)
    {   fprintf(fp,"%5d%6.1f\n",stu.num,stu.score);
        scanf("%d%f",&stu.num,&stu.score);
    }
    fclose(fp);
}
```

三、编程题

1. 输出文件 file1.dat 的长度。

2. 将 10 个整数写入数据文件 file1.dat 中,再读出 file1.dat 中的数据并求其和。

3. 有一个以%5d格式存放 20 个整数的文件 file2.dat,顺序号定义为 0～19。输入某一顺序号之后,读出相应的数据并显示在屏幕上。

4. 从键盘输入 10 名职工的数据,然后送入磁盘文件 worker1.rec 中保存。设职工数据包括职工号、职工姓名、性别、年龄、工资,再从磁盘调入这些数据,并依次打印出来(用 fread 函数和 fwrite 函数实现)。

5. 文件 file1.txt 中有 10 个学生的数据信息(包括姓名、学号、年龄、数学成绩、英语成绩和物理成绩),输出总分最高的学生的数据信息。

6. 将文件 file1.txt 和文件 file2.txt 中的内容合并,逆序存储在文件 file3.txt 中。

7. 从键盘输入多行字符串,然后把它们输出到磁盘文件 file.dat 中,用 stop 作终止标记,但终止标记不保存在文件中。

附录 A

标准 ASCII 码表

ASCII 码值	字 符	ASCII 码值	字 符	ASCII 码值	字 符
0	NUL(空字符)	23	ETB(传输块结束)	46	.
1	SOH(标题开始)	24	CAN(取消)	47	/
2	STX(正文开始)	25	EM(介质中断)	48	0
3	ETX(正文结束)	26	SUB(替补)	49	1
4	EOT(传输结束)	27	ESC(溢出)	50	2
5	ENQ(请求)	28	FS(文件分割符)	51	3
6	ACK(收到通知)	29	GS(分组符)	52	4
7	BEL(响铃)	30	RS(记录分离符)	53	5
8	BS(退格)	31	US(单元分隔符)	54	6
9	HT(水平制表符)	32	(space)	55	7
10	LF(换行)	33	!	56	8
11	VT(垂直制表符)	34	"	57	9
12	FF(换页)	35	#	58	:
13	CR(回车)	36	$	59	;
14	SO(不用切换)	37	%	60	<
15	SI(启用切换)	38	&	61	=
16	DLE(数据链路转义)	39	'	62	>
17	DC1(设备控制 1)	40	(	63	?
18	DC2(设备控制 2)	41	)	64	@
19	DC3(设备控制 3)	42	*	65	A
20	DC4(设备控制 4)	43	+	66	B
21	NAK(拒绝接收)	44	,	67	C
22	SYN(同步空闲)	45	—	68	D

续表

ASCII 码值	字 符	ASCII 码值	字 符	ASCII 码值	字 符
69	E	89	Y	109	m
70	F	90	Z	110	n
71	G	91	[	111	o
72	H	92	\	112	p
73	I	93	]	113	q
74	J	94	^	114	r
75	K	95	_	115	s
76	L	96	`	116	t
77	M	97	a	117	u
78	N	98	b	118	v
79	O	99	c	119	w
80	P	100	d	120	x
81	Q	101	e	121	y
82	R	102	f	122	z
83	S	103	g	123	{
84	T	104	h	124		
85	U	105	i	125	}
86	V	106	j	126	~
87	W	107	k	127	DEL(删除)
88	X	108	l		

C 语言常用关键字

B.1 数据声明关键字	基本类型	char double enum float int long short signed unsigned
	构造类型	struct union
	空类型	void
	类型定义	typedef
B.2 数据存储类别关键字	auto extern register static	
B.3 命令控制语句	分支控制	case default else if switch
	循环控制	do for while
	转向控制	break continue goto return
B.4 内部函数	sizeof	
B.5 常量修饰	const volatile	

附录 C

运算符优先级与结合性

优先级	运算符	含　义	用　　法	结合方向	说　　明
1	()	圆括号	(表达式)/函数名(形参表)	自左至右	
	[]	数组下标	数组名[常量表达式]		
	->	成员选择(指针)	对象指针->成员名		
	.	成员选择(对象)	对象.成员名		
2	!	逻辑非	! 表达式	自右至左	单目运算符
	~	按位取反	~表达式		
	+	正号	+表达式		
	-	负号	-表达式		
	(类型)	强制类型转换	(数据类型)表达式		
	++	自增	++变量名/变量名++		
	--	自减	--变量名/变量名--		
	*	取内容	*指针变量		
	&	取地址	&变量名		
	sizeof	求字节数	sizeof(表达式)		
3	*	乘	表达式*表达式	自左至右	双目运算符
	/	除	表达式/表达式		
	%	取余(求模)	整型表达式%整型表达式		
4	+	加	表达式+表达式	自左至右	双目运算符
	-	减	表达式-表达式		
5	<<	左移	变量<<表达式	自左至右	双目运算符
	>>	右移	变量>>表达式		

续表

优先级	运算符	含 义	用 法	结合方向	说 明
6	$<$	小于	表达式$<$表达式	自左至右	双目运算符
	$<=$	小于或等于	表达式$<=$表达式		
	$>$	大于	表达式$>$表达式		
	$>=$	大于或等于	表达式$>=$表达式		
7	$==$	等于	表达式$==$表达式	自左至右	双目运算符
	$!=$	不等于	表达式$!=$表达式		
8	$\&$	按位与	表达式$\&$表达式	自左至右	双目运算符
9	$\wedge$	按位异或	表达式$\wedge$表达式	自左至右	双目运算符
10	$\mid$	按位或	表达式$\mid$表达式	自左至右	双目运算符
11	$\&\&$	逻辑与	表达式$\&\&$表达式	自左至右	双目运算符
12	$\mid\mid$	逻辑或	表达式$\mid\mid$表达式	自左至右	双目运算符
13	$?:$	条件运算符	表达式1?表达式2:表达式3	自右至左	三目运算符
14	$=$	赋值	变量$=$表达式	自右至左	双目运算符
	$+=$	加后赋值	变量$+=$表达式		
	$-=$	减后赋值	变量$-=$表达式		
	$*=$	乘后赋值	变量$*=$表达式		
	$/=$	除后赋值	变量$/=$表达式		
	$\%=$	取模后赋值	变量$\%=$表达式		
	$<<=$	左移后赋值	变量$<<=$表达式		
	$>>=$	右移后赋值	变量$>>=$表达式		
	$\&=$	按位与后赋值	变量$\&=$表达式		
	$\wedge=$	按位异或后赋值	变量$\wedge=$表达式		
	$\mid=$	按位或后赋值	变量$\mid=$表达式		
15	,	逗号运算符	表达式,表达式,…	自左至右	

【说明】

（1）对于同一优先级的运算符，运算次序由结合方向决定。

（2）运算符记忆顺口溜。

小括中括指向点,（"()","[ ]","—>", "."）

非反后来自加减;（! ~ ++ ——）

负类指针有地址,（—,类型转换,﹡,&）

长度唯一右在前。（sizeof,单目运算,从右至左）

先乘除,再求余,（＊，／，％）

加减后,左右移,（＋，－，＜＜，＞＞）

关系运算左为先。（＜，＜＝，＞，＞＝）

等于还是不等于,（＝＝，!＝）

按位运算与异或；（&，^，|）

逻辑与,逻辑或,（&&，||）

条件运算右至左。（?：）

赋值运算虽然多,（＝，＋＝，－＝，＊＝，／＝，％＝,＞＞＝，＜＜＝，&＝，^＝，|＝）

从右至左不会错；（从右至左）

逗号不是停顿符,（，）

顺序求值得结果。（顺序求值运算符）

附录 D

C 语言库函数

D.1 数 学 函 数

使用数学函数时,必须在源程序文件中包含 math.h 头文件。

函数名	函 数 原 形	功能及返回值	说 明
abs	int abs(int x);	返回整型参数 x 的绝对值	
acos	double acos(double x);	返回 x 的反余弦 $\cos^{-1}x$ 值	x 在 $-1.0\sim1.0$
asin	double asin(double x);	返回 x 的反正弦 $\sin^{-1}x$ 值	x 在 $-1.0\sim1.0$
atan	double atan(double x);	返回 x 的反正切 $\tan^{-1}x$ 值	
atan2	double atan2 (double y, double x);	返回 y/x 的反正切 $\tan^{-1}x$ 值	
cos	double cos(double x);	返回 x 的余弦 cosx 值	x 的值为弧度
cosh	double cosh(double x);	返回 x 的双曲余弦 coshx 值	x 的值为弧度
exp	double exp(double x);	返回指数函数 e^x 的值	
exp2	double exp2(double x);	返回指数函数 2^x 的值	
fabs	double fabs(double x);	返回双精度参数 x 的绝对值	
floor	double floor(double x);	返回不大于 x 的最大整数	
fmod	double fmod (double x, double y);	返回 x/y 的余数	
frexp	double frexp(double val, int * eptr);	将双精度数 val 分解成尾数 f 和以 2 为底的指数 2^n($val=f*2^n$)。返回尾数部分,并把 n 存放在 eptr 指向的位置	
log	double log(double x);	返回 $\log_e x$(lnx)的值	
log10	double log10(double x);	返回 logx 的值	
modf	double modf(double x, double * nptr);	将双精度数 x 分解成整数部分 n 和小数部分 f($x=n+f$)。返回小数部分 f,并把整数部分 n 存放在 nptr 指向的位置	

续表

函数名	函 数 原 形	功能及返回值	说　　明
pow	double pow（double x，double y）；	返回 x^y 的值	
sin	double sin(double x)；	回 x 的正弦 sinx 值	x 的值为弧度
sinh	double sinh(double x)；	返回 x 的双曲正弦 sinhx 值	x 的值为弧度
sqrt	double sqrt(double x)；	返回 x 的平方根	x 应大于或等于 0
tan	double tan(double x)；	返回 x 的正切 tanx 值	x 的值为弧度
tanh	double tanh(double x)；	返回 x 的双曲正切 tanhx 值	x 的值为弧度

D.2　字符函数和字符串函数

使用字符串函数时,必须在源程序文件中包含头文件 string.h,使用字符函数时,必须包含头文件 ctype.h。

函数名	函 数 原 形	功能及返回值	包含文件
isalnum	int isalnum(int c)；	若 c 是字母('A'~'Z','a'~'z')或数字('0'~'9'),则返回非 0 值,否则返回 0 值	ctype.h
isalpha	int isalpha(int c)；	若 c 是字母('A'~'Z','a'~'z'),则返回非 0 值,否则返回 0 值	ctype.h
iscntrl	int iscntrl(int c)；	若 c 是 ASCII 码值为 0~31 或 127 的字符,则返回非 0 值,否则返回 0 值	ctype.h
isdigit	int isdigit(int c)；	若 c 是数字('0'~'9'),则返回非 0 值,否则返回 0 值	ctype.h
isgraph	int isgraph(int c)；	若 c 是可打印字符 (不包含空格,其 ASCII 码值为 33~126),则返回非 0 值,否则返回 0 值	ctype.h
islower	int islower(int c)；	若 c 是小写字母('a'~'z'),则返回非 0 值,否则返回 0 值	ctype.h
isprint	int isprint(int c)；	若 c 是可打印字符(含空格,其 ASCII 码值为 32~126),则返回非 0 值,否则返回 0 值	ctype.h
ispunct	int ispunct(int c)；	若 c 是否为标点字符(不包括空格),即除字母、数字和空格以外的所有可打印字符,则返回非 0 值,否则返回 0 值	ctype.h
isspace	int isspace(int c)；	若 c 是空格(' ')、水平制表符('\t')、回车符('\r')、走纸换行符('\f')、垂直制表符('\v')、换行符('\n'),则返回非 0 值,否则返回 0 值	ctype.h
isupper	int isupper(int c)；	若 c 是大写字母('A'~'Z'),则返回非 0 值,否则返回 0 值	ctype.h

函数名	函数原形	功能及返回值	包含文件
isxdigit	int isxdigit(int c);	若 c 是十六进制数数码('0'～'9','A'～'F','a'～'f'),则返回非 0 值,否则返回 0 值	ctype.h
strcat	char * strcat(char * dest, const char * src);	将字符串 src 添加到字符串 dest 的末尾	string.h
strchr	char * strchr(const char * s, int c);	检索并返回字符 c 在字符串 s 中第一次出现的位置,若找不到,则返回空指针	string.h
strcmp	int strcmp(const char * s1, const char * s2);	比较字符串 s1 与 s2 的大小,若二者相等,则返回 0 值;若 s1＞s2,则返回一个正数;若 s1＜s2,则返回一个负数	string.h
strcpy	char * strcpy(char * dest, const char * src);	将字符串 src 的内容复制到字符串 dest,覆盖 dest 中原有的内容	string.h
strlen	size_t strlen(const char * s);	返回字符串 s 的长度	string.h
strstr	char * strstr(const char * src,const char * sub);	扫描字符串 src,并返回第一次出现 sub 的位置	string.h
tolower	int tolower(int c);	若 c 是大写字母('A'～'Z'),则返回相应的小写字母('a'～'z')	ctype.h
toupper	int toupper(int c);	若 c 是小写字母('a'～'z'),则返回相应的大写字母('A'～'Z')	ctype.h

D.3　输入/输出函数

使用输入/输出函数时,必须在源程序文件中包含头文件 stdio.h。

函数名	函数原形	功能及返回值	说　明
clearerr	void clearerr(FILE * stream);	使 stream 所指文件的错误标志和文件结束标志置 0	
close	int close(int handle);	关闭 handle 表示的文件处理,成功返回 0,否则返回—1	可用于 UNIX 系统
creat	int creat(char * filename, int permiss);	建立一个新文件 filename,并以 permiss 设定读写方式	permiss 为文件读写性,可以为以下值: S_IWRITE 表示允许写,S_IREAD 表示允许读,S_IREAD|S_IWRITE 表示允许读和写
eof	int eof(int * handle);	检查文件是否结束,结束返回 1,否则返回 0	
fclose	int fclose(FILE * stream);	关闭 stream 所指的文件,释放文件缓冲区	stream 可以是文件或设备(例如 LPT1)
feof	int feof(FILE * stream);	检测 stream 所指的文件位置指针是否在结束位置	

函数名	函 数 原 形	功能及返回值	说　　明
fgetc	int fgetc(FILE * stream);	从 stream 所指的文件中读一个字符,并返回这个字符	
fgets	char * fgets(char * string, int n,FILE * stream);	从 stream 所指的文件中读 n 个字符,存入 string 字符串中	
fopen	FILE * fopen(char * filename,char * type);	打开一个文件 filename,打开方式为 type,并返回这个文件指针	
fprintf	int fprintf(FILE * stream, char * format[, argument, …]);	以格式化形式将一个字符串输出到指定的 stream 所指的文件中	
fputc	int fputc(int ch, FILE * stream);	将字符 ch 写入 stream 所指的文件中	
fputs	int fputs(char * string, FILE * stream);	将字符串 string 写入 stream 所指的文件中	
fread	int fread(void * ptr, int size, int nitems, FILE * stream);	从 stream 所指的文件中读入 nitems 个长度为 size 的字符串并存入 ptr 中	
fscanf	int fscanf(FILE * stream, char * format[,argument, …]);	以格式化形式从 stream 所指的文件中读入一个字符串	
fseek	int fseek(FILE * stream, long offset,int wherefrom);	把文件指针移到 wherefrom 所指位置向后的 offset 个字节处	wherefrom 的值可以为:SEEK_SET 或 0(文件开头)、SEEK_CUR 或 1(当前位置)、SEEK_END 或 2(文件结尾)
ftell	long ftell(FILE * stream);	返回 stream 所指文件中的文件位置指针的当前位置,以字节表示	
fwrite	int fwrite(void * ptr, int size, int nitems, FILE * stream);	向 stream 所指的文件中写入 nitems 个长度为 size 的字符串,字符串在 ptr 中	
getc	int getc(FILE * stream);	从 stream 所指的文件中读取一个字符,并返回这个字符	
getchar	int getchar(void);	从标准输入设备读取一个字符	
getw	int getw(FILE * stream);	从 stream 所指的文件中读取一个整数,若错误则返回 EOF	
open	int open(char * pathname, int access[,int permiss]);	打开一个文件,按后按 access 确定文件的操作方式	
printf	int printf(char * format[, argument,…]);	产生格式化的输出到标准输出设备	

函数名	函 数 原 形	功能及返回值	说　　　明
putc	int putc(int ch, FILE * stream);	向 stream 所指的文件中写入一个字符 ch	
putchar	int putchar(int ch);	向标准输出设备写入一个字符 ch	
puts	int puts(char * string);	把 string 所指的字符串输出到标准输出设备	
putw	int putw(int w, FILE * stream);	向 stream 所指的文件中写入一个整数	
read	int read(int handle,char * buf,int nbyte);	从文件号为 handle 的文件中读取 nbyte 个字符并存入 buf 中	
rename	int rename(char * oldname, char * newname);	将文件 oldname 的名称改为 newname	
rewind	int rewind(FILE * stream);	将 stream 所指文件的文件位置指针置于文件开头	
scanf	int scanf(char * format[, argument…]);	从标准输入设备按 format 格式输入数据	
write	int write (int handle, char * buf,int nbyte);	将 buf 中的 nbyte 个字符写入文件号为 handle 的文件中	

D.4　动态存储分配函数

使用动态分配函数时,必须在源文件中包含 malloc.h 头文件。

函数名	函 数 原 形	功能及返回值
calloc	void * calloc(unsigned nelem, unsignedelsize);	分配 nelem 个长度为 elsize 的内存空间,并返回分配内存空间的起始地址
free	void free(void * ptr);	释放先前分配的内存空间,ptr 指向要释放的内存空间
malloc	void * malloc(unsigned size);	分配 size 个字节的内存空间,并返回分配内存空间的起始地址
realloc	void * realloc(void * ptr, unsigned newsize);	改变已分配内存空间的大小,ptr 为已分配内存空间的指针,newsize 为新的长度。返回重新分配的内存空间的起始地址

D.5　转 换 函 数

使用转换函数时,必须在源程序文件中包含头文件 stdio.h 或 ctype.h。

函数名	函 数 原 形	功能及返回值	包含文件
atof	double atof(char * nptr);	将字符串 nptr 转换成双精度数,并返回这个数,错误则返回 0	stdlib.h
atoi	int atoi(char * nptr);	将字符串 nptr 转换成整型数,并返回这个数,错误则返回 0	stdlib.h
atol	long atol(char * nptr);	将字符串 nptr 转换成长整型数,并返回这个数,错误则返回 0	stdlib.h
ecvt	char * ecvt (double value, int ndigit,int * decpt,int * sign);	将浮点数 value 转换成字符串并返回该字符串	stdlib.h
fcvt	char * fcvt (double value, int ndigit,int * decpt,int * sign);	将浮点数 value 转换成字符串并返回该字符串	stdlib.h
gcvt	char * gcvt (double value, int ndigit,char * buf);	将浮点数 value 转换成字符串并存于 buf 中,并返回 buf 的指针	stdlib.h
itoa	char * itoa (int value, char * string,int radix);	将整数 value 转换成字符串存入 string,radix 为转换时所用的基数	stdlib.h
ltoa	char * ltoa (long value, char * string,int radix);	将长整型数 value 转换成字符串并返回该字符串,radix 为转换时所用的基数	stdlib.h
strtod	double strtod(char * str,char ** endptr);	将字符串 str 转换成双精度数,并返回这个数	stdlib.h
strtol	long strtol (char * str, char ** endptr,int base);	将字符串 str 转换成长整型数,并返回这个数	stdlib.h
toascii	int toascii(int c);	返回字符 c 相应的 ASCII 码值,函数将字符 c 的高位清零,仅保留低 7 位	ctype.h
ultoa	char * ultoa(unsigned long value, char * string,int radix);	将无符号整型数 value 转换成字符串并返回该字符串,radix 为转换时所用的基数	stdlib.h

D.6　图形图像函数

使用图形图像函数时,必须在源程序文件中包含头文件 graphics.h。

函数名	函 数 原 形	功能及返回值	说　　明
arc	void far arc(int x, int y, int stangle, int endangle, int radius);	以(x, y)为圆心,radius 为半径,从 stangle 开始到 endangle 结束(用度表示)画一段圆弧线	x 轴正向为 0°,逆时针方向旋转一周,依次为 90°、180°、270°和 360°
bar	void far bar (int x1, int y1, int x2, int y2);	确定一个以(x1, y1)为左上角,(x2, y2)为右下角的矩形窗口,再按规定图形和颜色填充	此函数不画出边框,所以填充色为边框
circle	void far circle(int x, int y, int radius);	以(x, y)为圆心,radius 为半径画一个圆	
cleardevice	void far cleardevice(void);	清除图形屏幕	

函 数 名	函 数 原 形	功能及返回值	说 明
clearviewport	void far clearviewport(void);	清除当前图形窗口的内容	
drawpoly	void far drawpoly(int numpoints, int far * polypoints);	画一个顶点数为 numpoints,各顶点坐标由 polypoints 给出的多边形	
ellipse	void far ellipse(int x, int y, int stangle, int endangle, int xradius, int yradius);	以(x, y)为中心,xradius、yradius 为 x 轴和 y 轴半径,从角 stangle 开始到 endangle 结束画一段椭圆线,当 stangle=0、endangle=360 时,画出一个完整的椭圆	
floodfill	void far floodfill(int x, int y, int border);	填充一个有界区域	x、y 为封闭图形内的任意一点。border 为边界的颜色,也就是封闭图形轮廓的颜色
getfillpattern	void far getfillpattern(char * upattern);	将用户定义的填充模式存入 upattern 指针指向的内存区域	
getfillsetings	void far getfillsetings(struct fillsettingstype far * fillinfo);	取得有关当前填充模式和填充颜色的信息,并将其存入结构指针变量 fillinfo	
getx	int far getx(void);	返回当前图形位置的 x 坐标	
gety	int far gety(void);	返回当前图形位置的 y 坐标	
initgraph	void far initgraph(int far * gdriver, int far * gmode, char * path);	初始化图形系统	gdriver 和 gmode 分别表示图形驱动器和模式,path 表示图形驱动程序所在的路径
lineto	void far lineto(int x, int y);	画一条从当前图形位置到点(x, y)的直线	
moveto	void far moveto(int x, int y);	把图形位置移动到点(x, y)	
outtext	void far outtext(char far * textstring);	在当前图形位置输出字符串指针 textstring 所指的文本	
outtextxy	void far outtextxy(int x, int y, char far * textstring);	在(x, y)位置输出字符串指针 textstring 所指的文本	
pieslice	void far pieslice(int x, int y, int stangle, int endangle, int radius);	画一个以(x, y)为圆心,radius 为半径,stangle 为起始角度,endangle 为终止角度的扇形,再按规定模式填充	当 stangle=0 且 endangle=360 时,变成一个实心圆,并在圆内从圆点开始沿 x 轴正向画一条半径
putpixel	void far putpixel(int x, int y, int color);	在(x, y)位置画一个像素点	
rectangle	void far rectangle(int x1, int y1, int x2, int y2);	以(x1, y1)为左上角,(x2, y2)为右下角画一个矩形框	

续表

函数名	函 数 原 形	功能及返回值	说 明
sector	void far sector（int x，int y，int stanle，int endangle，int xradius，int yradius）；	画一个以（x，y）为圆心，分别以 xradius、yradius 为 x 轴和 y 轴半径，stangle 为起始角，endangle 为终止角的椭圆扇形，再按规定模式填充	
setbkcolor	void far setbkcolor(int color)；	设置背景色	
setcolor	void far setcolor(int color)；	设置前景色	
setfillpattern	void far setfillpattern（char * upattern，int color）；	设置用户自定义的填充模式	
setfillstyle	void far setfillstyle(int pattern，int color)；	设置填充模式和颜色	
setlinestyle	void far setlinestyle(int linestyle，unsigned upattern，int thickness)；	设置当前线条的宽度和类型	
setviewport	void far setviewport（int xl，int yl，int x2，int y2，int clipflag）；	设定一个以点（xl，yl）为左上角，点（x2，y2）为右下角的图形窗口	xl、yl、x2、y2 是相对于整个屏幕的坐标。若 clipflag 为非 0，则设定的图形以外的部分不可接触，若 clipflag 为 0，则图形窗口以外的部分可以接触

图 书 资 源 支 持

感谢您一直以来对清华版图书的支持和爱护。为了配合本书的使用,本书提供配套的资源,有需求的读者请扫描下方的"书圈"微信公众号二维码,在图书专区下载,也可以拨打电话或发送电子邮件咨询。

如果您在使用本书的过程中遇到了什么问题,或者有相关图书出版计划,也请您发邮件告诉我们,以便我们更好地为您服务。

我们的联系方式:

地　　址:北京市海淀区双清路学研大厦 A 座 714

邮　　编:100084

电　　话:010-83470236　010-83470237

客服邮箱:2301891038@qq.com

QQ:2301891038(请写明您的单位和姓名)

资源下载:关注公众号"书圈"下载配套资源。

资源下载、样书申请

书圈

图书案例

清华计算机学堂

观看课程直播